U0257041

"十四五"国家重点出版物出版规划项目

基础科学基本理论及其热点问题研究

基础科学

Basic Science

邓梅根　王俊龙　张　琪◎著

生物质多孔碳的绿色制备及其双电层性能研究

Study on the Green Preparation of Biomass Porous Carbon and Its Electric Double Layer Properties

中国科学技术大学出版社

内 容 简 介

本书介绍超级电容器的基本概念、原理和碳基材料的研究进展,着重介绍以生物废弃物(包括椰壳和荞麦壳)为前驱体制备超级电容器用活性炭及前驱体预处理研究,以及采用氧化、膨化、冷冻等方法对石油焦进行预处理来降低活化剂 KOH 的用量的研究,同时介绍了纽扣式超级电容器的低成本集成式生产模式的研究。全书编排逻辑性强,内容丰富;理论研究与生产实践相结合。

本书适合企业、科研院所从事电化学电源研究的科研技术人员阅读,也可供高校相关专业师生参考。

图书在版编目(CIP)数据

生物质多孔碳的绿色制备及其双电层性能研究/邓梅根,王俊龙,张琪著. —合肥:中国科学技术大学出版社,2023.10

(基础科学基本理论及其热点问题研究)

"十四五"国家重点出版物出版规划项目

ISBN 978-7-312-05785-4

Ⅰ.生… Ⅱ.①邓… ②王… ③张… Ⅲ.①生物质—多孔碳—制备—无污染技术—研究 ②生物质—多孔碳—电偶层—性能—研究 Ⅳ.TM242

中国国家版本馆 CIP 数据核字(2023)第 187090 号

生物质多孔碳的绿色制备及其双电层性能研究

SHENGWUZHI DUOKONGTAN DE LÜSE ZHIBEI JI QI SHUANG DIANCENG XINGNENG YANJIU

出版	中国科学技术大学出版社
	安徽省合肥市金寨路 96 号,230026
	http://press.ustc.edu.cn
	https://zgkxjsdxcbs.tmall.com
印刷	安徽国文彩印有限公司
发行	中国科学技术大学出版社
开本	787 mm×1092 mm 1/16
印张	10
字数	167 千
版次	2023 年 10 月第 1 版
印次	2023 年 10 月第 1 次印刷
定价	50.00 元

前　言

超级电容器作为一种新型储能器件,兼具高功率密度、相对高能量密度、长循环寿命和免维护等特点,已在电子、通信、能源、交通运输、军事等领域得到广泛应用。世界范围内围绕超级电容器的电极材料、电解液以及制造技术的研究已全面展开并不断深化。

本书第 1 章简要介绍了超级电容器的概念和基本原理,着重介绍了超级电容器的主要碳基材料,特别是活性炭的特性和研究进展,在此基础上提出了本书的研究内容。第 2 章介绍了超级电容器电极材料的主要表征方法和电化学性能测试方法,同时介绍了本研究所采用的主要原料和仪器设备。第 3 章分别采用双氧水氧化、高氯酸氧化和硝酸膨化的方法对石油焦进行改性,并研究基于改性石油焦的活性炭的性能。第 4 章先研究了以果壳废弃物椰壳为前驱体制备超级电容器用活性炭的可行性,在此基础上采用冷冻方法对椰壳进行预处理,并研究了冷冻预处理对活性炭性能的影响。第 5 章先研究了以种壳废弃物荞麦壳为前驱体制备超级电容器用活性炭的可行性,在此基础上进一步验证了冷冻法对提高荞壳炭活化效率的作用。第 6 章自主设计并定制纽扣式超级电容器集成式生产线,分析了集成式生产线的生产效率和产品性能。第 7 章对全书研究内容进行总结,并指出后续研究方向。

本书研究设计、实验指导和主要撰写由邓梅根完成,主要实验工作由王俊龙和张琪完成。实验和产业化工作中得到了江西财经大学江西省电能存储与转换重点实验室王仁清高级实验师和胡光辉副教授的大力帮助,在此向他们致以诚挚的谢意。

感谢国家自然科学基金(60901051)和深圳市中央引导地方科技发展基金(2021Szvup053)对本研究的资助。

由于超级电容器技术不断进步和发展,加上作者学术水平有限,疏漏和错误在所难免,恳请读者批评指正。

邓梅根

2023 年 5 月

目　　录

第1章　绪　　论

1.1　超级电容器简介

1.1.1　超级电容器的概念

超级电容器(supercapacitor),也叫电化学电容器(electrochemical capacitor,EC),是一种介于传统电容器和电池之间的新型储能器件,具有比传统电容器高得多的能量密度和比电池大得多的功率密度,同时具有超长的循环寿命和广泛的应用领域。[1-2]表1.1为超级电容器与传统电容器及电池的性能比较。[3]

表 1.1　超级电容器与传统电容器及电池的性能比较

特性	电容器	超级电容器	电池
能量密度(Wh・kg^{-1})	<0.1	1~10	10~100
功率密度(W・kg^{-1})	≫10000	500~10000	<1000
放电时间	10^{-6}~10^{-3} s	秒级或分钟级	0.3~3 h
充电时间	10^{-6}~10^{-3} s	秒级或分钟级	1~5 h
库仑效率(%)	~100	85~98	70~85
循环寿命	无限	>5000000	~1000

如图1.1所示,超级电容器主要由电极、电解质、隔膜和集电极组成。电极是最核心的部件,主要包括活性材料、导电剂和黏结剂。集电极的作用是降低

电容器的内阻,要求与电极接触面积大、耐腐蚀性强且在电解质中保持稳定。隔膜的作用是在阻断电子导通的同时允许离子通过,要求厚度小、孔隙率大、强度高。商用超级电容器一般使用由四乙基四氟硼酸铵溶质和乙腈或碳酸丙烯酯溶剂组成的有机电解质。[4]

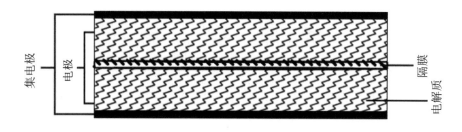

图 1.1　超级电容器结构示意图

1.1.2　超级电容器的基本原理

如图 1.2 所示[5],根据电极所使用材料的不同,超级电容器分为双电层电容器(electric double layer capacitor,EDLC)、赝电容器(pseudo capacitor)和混合电容器(hybrid capacitor)。[6]双电层电容器使用的主要是各种高比表面积碳基材料,如活性炭(AC)、碳纳米管、石墨烯等。赝电容器电极材料主要包括金属氧化物和导电聚合物两类。混合电容器的两个电极分别使用不同类型的活性材料。

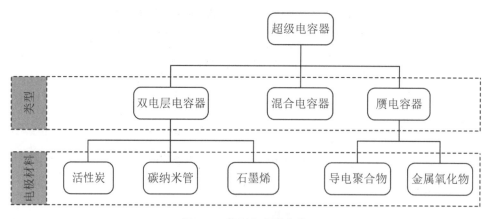

图 1.2　超级电容器分类

赝电容基于活性材料表面或者近表面的快速和高度可逆的氧化还原反应,

其电荷存储过程对电位的响应类似于双电层电容。材料的赝电容可以是内在的或外在的。内在的赝电容指材料颗粒尺寸和形貌可以在很宽的范围内展现出赝电容特性。外在的赝电容指电极材料只在特定的条件下表现出赝电容行为,比如,纳米材料的表面具有赝电容,而体相不具有赝电容。[5]赝电容具有欠电位沉积、氧化还原反应、插层赝电容[7]和导电聚合物的掺杂与去掺杂等多种电荷存储机理。

赝电容器的电极材料主要是金属氧化物和导电聚合物。一些功能化的多孔材料在表现为赝电容行为的同时,也展现出双电层电荷存储能力。赝电容通常为双电层电容的 10~100 倍,但是由于法拉第过程的响应速度慢,因此赝电容器的功率特性通常比双电层电容器差。[8]此外,赝电容材料在充放电循环过程中容易发生膨胀和收缩,从而导致机械稳定性降低和寿命缩短。[9]

双电层电容器基于电极和电解液界面的双电层来存储电荷。双电层的概念源于 1853 年 Helmholtz 对胶体悬浮液界面相反电荷的研究,后来拓展到了金属电极表面。1957 年通用电气申请了双电层电容器专利,由此掀起了双电层电容器作为储能装置研究的热潮。双电层模型经历了从 Helmholtz 模型到 Gouy-Chapman 模型,再到 Stern 模型的不断发展和完善的过程。[10-11]图 1.3 为 EDLC 的三种理论模型[5],其中,Ψ 为电位,Ψ_0 为电极电位,IHP 为内 Helmholtz 层,OHP 为外 Helmholtz 层。按照 Stern 模型,定义紧密层(也称 Stern 层)和扩散层的容量分别为 C_{Stern} 和 C_{diff},则双电层的容量 C_{dl} 可以表示为

$$\frac{1}{C_{dl}} = \frac{1}{C_{Stern}} + \frac{1}{C_{diff}} \tag{1.1}$$

尽管 Stern 模型可以圆满解释平滑表面的双电层,但是对双电层电容器的纳米多孔材料内的真实电荷分布却难以解释。因为离子在多孔介质中的电吸附行为极其复杂,目前还缺乏准确的理解。双电层电容器电极材料主要是各种高比表面积碳基材料,包括活性炭、碳纳米管、石墨烯、碳化物衍生炭等。

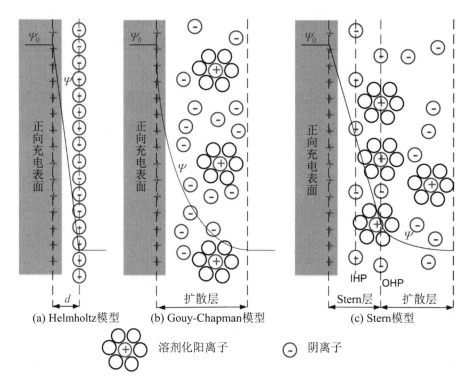

(a) Helmholtz模型　　(b) Gouy-Chapman模型　　(c) Stern模型

溶剂化阳离子　　　⊖ 阴离子

图 1.3　双电层模型

1.2　超级电容器碳基电极材料

1.2.1　碳纳米管

自 1991 年碳纳米管(carbon nanotubes, CNTs)被发现以来[12], 就被广泛关注, 并且由于其结构、导电、导热和机械强度等方面的特性而在电子、环保、医疗、生物和储能等领域得到广泛应用。碳纳米管可以通过一些碳氢化合物催化分解得到。根据制备参数的不同, 可以得到单壁碳纳米管和多壁碳纳米管。碳纳米管具有可利用的外表面积高和电导率高等特性。[3,13]碳纳米管的比电容与其纯度和形貌密切相关。碳纳米管的表面积主要来自碳纳米管的外表面积, 其孔径在中孔范围。[3]碳纳米管超级电容器的研究很多集中于在集电极表面垂直生长密集、整齐的碳纳米管阵列,通过调整碳纳米管之间的距离,可提高电容器在大电流充放电时的容量保持率,这类材料在微电子领域也有很好的应用前景。[14]碳纳米管直接生长在集电极上,不仅避免了黏结剂的使用,降低了活性材料与集电极之间的接触电阻,而且简化了电极制备工艺。[15]

由于碳纳米管表面的疏水性,碳纳米管粉末的比电容通常为 $20 \sim 80 \, F \cdot g^{-1}$。[14]氧化处理可将碳纳米管的比电容提高到 $130 \, F \cdot g^{-1}$ 左右,因为氧化处理在改变碳纳米管结构的同时,可引入表面官能团从而产生赝电容。[16-17]

使用 KOH 活化碳纳米管可以在保持其纳米管状结构的同时,提高比表面积。活化处理对碳纳米管管径的影响可以忽略,但是可有效减小碳纳米管的长度并通过部分刻蚀外层碳原子而产生裂隙和不规则结构,使得碳纳米管的比表面积从 $430 \, m^2 \cdot g^{-1}$ 提高到 $1035 \, m^2 \cdot g^{-1}$,在碱性和有机电解液中的比电容分别达到 $90 \, F \cdot g^{-1}$ 和 $65 \, F \cdot g^{-1}$。[18]

提高碳纳米管的比电容的另一个方法是在其表面复合一层金属氧化物或导电聚合物,引进赝电容。而且相比于活性炭基复合材料,碳纳米管复合材料具有更好的性能。一方面,碳纳米管管间的中孔网络可以加速电解质离子向活性材料的扩散;另一方面,碳纳米管的管状结构使其富有弹性,易于消除充放电过程产生的体积变化,从而提高循环寿命。[19-20]相比于金属氧化物,导电聚合物与碳纳米管的复合更容易实现,可以将某些单体通过化学原位聚合的方法均匀包覆到碳纳米管表面[3],也可以通过电沉积的方法在碳纳米管表面复合导电聚合物,如聚吡咯[21],但是由于导电聚合物的降解,复合材料的循环寿命会下降。[22]

1.2.2 石墨烯

石墨烯是碳原子通过 sp^2 杂化而形成的蜂窝状单原子片层。石墨烯的突出特性包括高度可调的比表面积、良好的柔韧性、高热导和电导率、高化学和热稳定性、短扩散距离、高机械强度、宽电位窗口和丰富的表面官能团。[23]研究表明,低团聚的还原石墨烯在水系电解液中比电容和能量密度分别达到 $205 \, F \cdot g^{-1}$ 和 $28.5 \, Wh \cdot kg^{-1}$。[24]除此之外,单层石墨烯比表面积大(理论上可达 $2620 \, m^2 \cdot g^{-1}$),而且其开放的孔隙非常有利于电解质离子的输运。使用离子液体电解质的石墨烯超级电容器室温下能量密度达到 85.6 Wh・kg^{-1}，80 ℃时达到 136 Wh・kg^{-1}。[25]Li 等使用水热法，通过改变 Ni^{2+} 的用量制备了单层、多层和 3D 网络状的石墨烯，其中，3D 网络状石墨烯在 5 mV・s^{-1} 的扫速下的比电容达到 352 F・g^{-1}。[26]同时为解决水系电解液工作电压低的问题，Liu 等制备了中孔石墨烯，其在离子液体中的工作电压达到了 4 V，而且在 1 A・g^{-1} 的电流密度时，室温能量密度为 90 Wh・kg^{-1}。[27]

由于相邻片层间范德瓦耳斯力的作用，石墨烯很容易发生再堆叠而导致不可逆的容量损失并降低初始库仑效率。[28]在石墨烯表面复合金属氧化物可以很好地解决这一问题。一方面，金属氧化物可以防止石墨烯团聚和再堆叠，提高其可利用的表面积；另一方面，石墨烯也可以阻止金属氧化物纳米颗粒间的团聚，而且石墨烯表面的含氧官能团还可以改善复合材料界面的电接触性能。[29]据报道，氧化钌-石墨烯复合材料可以达到 479 F・g^{-1} 的比电容。[30]化学掺杂也是提高石墨烯电化学性能的有效方法，高浓度 N 掺杂的氧化石墨烯可以达到 320 F・g^{-1} 的比电容。[31]

1.2.3　碳化物衍生炭

碳化物衍生炭（carbide derived carbon，CDC）主要通过将碳化物前驱体高温去除金属而制备。CDC 制备的常用方法是高温氯化[32]和真空分解。[33]CDC 在孔隙精细调控和表面官能团控制方面比活性炭更容易，因此被认为是很有前景的超级电容器电极材料。[34]此外，还可采用氢气[35]等后处理方法来改善其性能。

CDC 用作超级电容器电极材料时，其容量由 CDC 的结构决定，而功率特性与初始碳化物密切相关。TiC-CDC 在 KOH 和有机电解液中分别获得了 220 F・g^{-1} 和 120 F・g^{-1} 的比电容，而对于 SiC-CDC，这一数据分别是 126 F・g^{-1} 和 72 F・g^{-1}。[33]研究表明，对于 CDC，2 nm 以下的孔隙对容量的影响比 2 nm 以上的孔大。[36]另外，虽然提高合成温度可以提高比表面积和孔容，但却会导致比电容的下降。

1.2.4　活性炭

活性炭由于表面积高、价格相对低、原料来源广泛、生产工艺成熟而成为超级电容器使用最多的电极材料[11,13,37]，也是目前商用超级电容器主要使用的电极材料。活性炭通常由高碳含量的前驱体制备。该类前驱体主要包括各种天然原料(如木材、化石燃料)及其衍生物(如沥青、石油焦)和合成前驱体(如高分子材料)。

活性炭的制备通常包括碳化和活化两个过程。[38]碳化是一个复杂的物理化学过程，其中有许多反应同时发生，如脱氢、脱氧、缩合、交联、氢转移和异构化，伴随着挥发性化合物的释放，最终得到碳化料。[39]碳化通常在绝氧环境下进行。热解过程中，低温下形成含有大量缺陷的无序碳；高温则形成由石墨烯层组成的含有缺陷的部分有序碳。[40-41]

碳化热解过程非常复杂，通常包括 150 ℃以下失去吸附水，250 ℃以下碳水化合物单元脱水，400 ℃以下 C—O 和 C—C 键断裂和芳构化等。[42]脱氧通常在400～600 ℃发生。600 ℃以上时，石墨烯片大幅增长，同时，由于乱层结构的凝聚而发生体积收缩。[43]除了常规的热解碳化技术，水热碳化[44]、微波辅助碳化[39]、浓硫酸脱氢/脱氧[45]以及卤化有机聚合物脱卤[45]等新技术也被采用。

活化是碳化料发生选择性可控氧化反应而造孔的过程。活性炭的活化方法通常有物理活化法和化学活化法。物理活化是用水蒸气或二氧化碳作为活化剂在 600～1200 ℃范围来制备活性炭。物理活化的显著特点是活化剂对设备的腐蚀小，这对工业化生产非常有利[38]。物理活化过程中，孔隙主要由碳与活化剂发生选择性氧化反应而产生，活化过程发生的反应主要包括[46]：

$$C + H_2O \longrightarrow CO + H_2 \tag{1.2}$$

$$C + CO_2 \longrightarrow 2CO \tag{1.3}$$

物理活化的特点是活化温度高、活化时间长、产率相对低、振实密度低、孔尺寸小、比表面积低。

与物理活化相比，化学活化的得率更高、活化温度更低，而且产物的中孔含量更高。[47-48]化学活化使用的活化剂通常有 KOH[49-50]、NaOH[51]、$ZnCl_2$[52]、H_3PO_4[53-54]、Na_2CO_3[55]、K_2CO_3[56]等，其中，KOH 活性效率最高，其次是NaOH。由于前驱体和活化剂的种类很多，化学活化的机理目前尚不十分清楚。就 KOH 活化剂而言，在 500 ℃以下形成的孔隙主要是由脱水反应或自由基反应中挥发物的蒸发引起的。[57]接着在 570 ℃以下，C 原子与 KOH 反应被消耗而形成孔隙(方程(1.4))，反应产生的 K 进一步与 KOH 反应产生 K_2O。

K_2O 继续与活化产生的 CO_2 反应产生 K_2CO_3（方程（1.5））。KOH 在 600 ℃ 左右将被完全消耗。[57]因此 KOH 活化实际上是 K_2CO_3 和 K_2O 对 C 原子的刻蚀，反应如方程（1.6）和（1.7）所示。

$$KOH + 2C \longrightarrow 2K + 3H_2 + 2K_2CO_3 \qquad (1.4)$$

$$K_2O + CO_2 \longrightarrow K_2CO_3 \qquad (1.5)$$

$$K_2CO_3 + 2C \longrightarrow 2K + 3CO \qquad (1.6)$$

$$K_2O + C \longrightarrow 2K + CO \qquad (1.7)$$

此外，反应过程中产生的 CO_2 也会按物理活化方式消耗碳原子而形成孔隙。[38,57-58]

化学活化中，KOH 消耗量大和高温下 KOH 对反应器的腐蚀大是化学活化在工业应用方面的重要障碍，同时化学活化会产生大量强碱性污染物，对环境破坏大。因此亟需降低 KOH 的使用量和发展活性炭绿色合成方法。[59-60]

结合双电层理论，参照传统电容器容量计算公式，双电层电容器的比电容可以按如下公式计算：

$$C = \frac{\varepsilon_r \varepsilon_0 A}{d} \qquad (1.8)$$

其中，ε_r、ε_0、A 和 d 分别为电解液相对介电常数、真空介电常数、电极有效比表面积和双电层有效厚度。可以看出，比电容与有效比表面积线性相关，而与比表面积没有直接关系。[37,61]因为溶剂化离子很难进入一些小尺寸微孔，所以这些孔隙对比电容没有贡献。比如，水化离子很难进入 0.5 nm 以下的孔隙。[62]不少文献中活性炭的比表面积超过 3000 $m^2 \cdot g^{-1}$，而比电容并不高，因为真正有效的比表面积只有 1000～2000 $m^2 \cdot g^{-1}$。电极材料孔径与容量之间的关系是个长期存在争议的问题。[63-67]但可以肯定的是恰当的孔径分布有利于提高比电容[68]，也有利于促进电解液离子的运动。[69]

通常活性炭在水系电解液中的比电容比有机电解液中更大。一方面是由于电解质离子在有机电解液中的溶剂化尺寸更大；另一方面是因为水系电解液对活性炭的浸润性更好。[70]活性炭电极在有机电解液中的比电容通常为 100～120 $F \cdot g^{-1}$，[71]而在水系电解液中可以达到 300 $F \cdot g^{-1}$。[37]Salitra 等认为水系电解液中 0.4 nm 以上的孔隙可以有效形成双电层。[72]Beguin 等认为水系和有机电解液中形成双电层的最优化孔径分别为 0.7 nm 和 0.8 nm。[73]

除了孔结构，活性炭表面官能团也对其容量具有重要影响。因为表面官能团会影响活性炭的浸润性，而且还能提供赝电容[74-75]，但是研究表明活性炭表面的杂原子会降低电容器的循环寿命。[76]

由于水系超级电容器的单体电压通常为 0.9 V，而有机电容器的单体电压通常为 2.7 V，更有利于获得高比能量。因此绝大部分商用超级电容器均使用有机电解液。

活性炭研究的难点在于孔径分布窄、孔长度短且相互连通，同时表面化学可控的活性炭的研制。[70]

活性炭的比电容在很长一段时间内都维持在 100～200 F·g^{-1} 的低水平。主要原因一方面是所使用的材料的比表面积低，另一方面是微孔炭的有效比表面积低。直到层级多孔碳（hierarchical porous carbon，HPC）的出现这一问题才得到比较好的解决。[77]

HPC 是由不同尺寸规模的孔隙以不同层级的方式互联组合在一起形成的，并不是同时具有各种不同孔径的孔隙的多孔碳就可以称为 HPC。HPC 中的离子扩散模型如图 1.4 所示[77]，离子首先进入最大的孔隙，然后进入其细分出来的较小的孔隙，最后进入最小的孔隙。HPC 的这种结构可以加速电解液的渗透和离子的输运。[78]

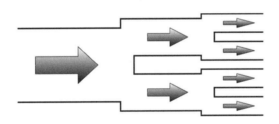

图 1.4　层级多孔碳的离子扩散模型

HPC 的合成方法包括硬模板法、软模板法和无模板法。其中，硬模板包括硅模板[79-80]、金属氧化物模板[81-82]、盐模板[83-84]、有机模板[85]、冰模板[86]；软模板包括表面活性剂模板[86]、有机聚合物模板[87]。无模板法的前驱体主要包括生物废弃物（biomass）和人工合成材料[88-89]。

用于 HPC 制备的生物废弃物可以分为 4 类：

（1）植物材料，如棉纤维[90]、木纤维[90]、稻壳[91]、竹子[92]、烟杆[93]、柚子皮[94]、柳条[95]、面粉[96]等。

（2）动物材料，如蚕丝[97]、蜂蜜[98]、虾壳[99]等。

（3）真菌[100]。

（4）污水、污泥[101]。

以生物废弃物制备 HPC 不仅可以免除废物处置费用，减少环境污染，还能实现废物利用。来源广泛、具有天然层级结构和杂原子的植物基富碳生物废弃物是制备 HPC 的理想原材料。[102]

以生物废弃物为前驱体制备 HPC 过程一般分为两步。首先是生物废弃物热解产生以大孔为主的碳化料；其次是碳化料活化，引入大量微孔和中孔，形成层级多孔结构。

前已述及，化学活化中 KOH 是一种常用的高效活化剂。但无论以石油焦等化石燃料衍生物还是以植物基生物废弃物为前驱体制备 AC，要获得高比表面积、高比电容和恰当的孔径分布都需要使用大量 KOH，不仅成本高，而且对设备腐蚀大，降低 KOH 消耗量始终是化学活化法的重要研究内容。

1.3　本书结构

本书主要研究内容包括以下四部分：

（1）石油焦由于碳含量高、灰分和杂质含量低，是制备超级电容器用 AC 的理想前驱体。但由于石油焦结构致密、活化困难，因此制备过程中 KOH 消耗量很大。本研究采用不同的方法对石油焦进行预处理，改变石油焦中石墨微晶结构，降低石油焦活化难度，从而降低 KOH 使用量。

（2）椰壳作为一种果壳类生物废弃物，不仅碳含量高，而且结构致密，易于获得，是目前商用超级电容器 AC 最常使用的前驱体。课题组研究了椰壳基 AC 的 KOH 活化工艺。在此基础上，开发了椰壳冷冻预处理技术，在碳化前对椰壳进行不同次数的冷冻预处理，以在椰壳中形成特殊的初始孔隙结构来提高活化效率。

（3）作为重要食品原料，荞麦在世界范围内种植面积广、产量大。全球每年在加工荞麦的过程中会产生大量的荞麦壳。荞麦壳密度大、木质素和纤维素含量高,是一种高质量的活性炭前驱体。课题组首先进行了荞麦壳基 AC 的 KOH 活化研究。为提高活化效率,进一步对荞麦壳进行了冷冻预处理,以研究对于不同前驱体,冷冻预处理技术对促进活化作用的差异。

(4) 根据单体结构的不同,超级电容器可以分为纽扣式、卷绕式和叠片式。纽扣式超级电容器的特点是数量需求大,但高度小,生产过程操作难度大。大规模自动化生产所需设备成本投入大,而且设备空间占据大,为维护生产环境所需的电力消耗巨大。而手工生产的人工成本高、生产效率低。因此亟须开发一种设备购置成本低、生产效率高的生产模式。为解决上述问题,本研究开发设计了纽扣式超级电容器全套集成式生产工艺及对应的生产装置和辅助工具。

本书主要内容和结构体系如下:

第 1 章简要介绍了超级电容器的概念和基本原理,重点介绍了超级电容器碳基材料的研究进展,在此基础上提出了本书的主要研究内容。

第 2 章介绍了本研究使用的原材料和仪器设备,包括产业化设备。同时介绍了超级电容器研究的主要表征方法,特别是电化学性能的表征参数及其计算方法。

第 3 章研究超级电容器用 AC 的电化学性能与孔隙结构的关系。在此基础上,分别采用过氧化氢氧化、高氯酸氧化和硝酸膨化方法对石油焦进行改性,提高活化效率,降低活化剂 KOH 的使用量。

第 4 章以生物废弃物椰壳为前驱体,研究了活化剂的用量与 AC 性能的关系。采用冷冻法对椰壳进行不同次数的冷冻,研究冷冻次数和碱炭比与 AC 孔隙结构和性能的关系。

第 5 章以生物废弃物荞麦壳为前驱体制备层级多孔碳,研究了荞麦壳作为前驱体制备超级电容器用活性炭的可行性。在此基础上对荞麦壳进行一次冷冻处理,以减少 KOH 的使用量,降低制备成本并减少环境污染。

第 6 章开发了集成式生产工艺并设计了全套生产装置和辅助工具,同时分析了产能和产品性能。

第 7 章总结全书的研究,指出了相关研究的未来发展方向。

第 2 章　实验原理和方法

2.1　主要原料和仪器设备

表 2.1 为本研究所使用的主要化学试剂和原材料。表 2.2 为所使用的仪器设备,实验室研究阶段的设备为本实验室自有,产业化研究阶段所涉及的大型设备由合作企业提供,其他涉及的大型测试仪器为租赁使用。

表 2.1　主要化学试剂及原材料

试剂名称	纯度/规格	生产厂家
氢氧化钾(KOH)	分析纯	恒兴试剂
可溶性淀粉	分析纯	恒兴试剂
无水乙醇(C_2H_5OH)	分析纯	天津市天力化学试剂厂
高锰酸钾($KMnO_4$)	分析纯	上海试剂化学有限公司
盐酸(HCl)	分析纯	天津市天力化学试剂厂
过氧化氢(H_2O_2)	分析纯	国药试剂
硝酸(HNO_3)	分析纯	国药试剂
硫酸(H_2SO_4)	分析纯	国药试剂
硫代硫酸钠($Na_2S_2O_3$)	分析纯	天津市福晨化学试剂厂
石油焦	生焦	大庆石化总公司
碘化钾(KI)	分析纯	西陇科学股份有限公司
碘(I_2)	分析纯	津北精细化工有限公司
重铬酸($K_2Cr_2O_7$)	分析纯	上海山浦化工工有限公司

续表

试剂名称	纯度/规格	生产厂家
导电炭黑	350 G	瑞士 Timcal
泡沫镍	110PPI	长沙力元新材料有限公司
聚四氟乙烯乳液	D210	日本大金
氮气(N_2)	99.9%	华东特种气体有限公司
不锈钢壳盖	1820/1120	东莞市金辉电源有限公司
密封圈	1820/1120	东莞市金辉电源有限公司
隔膜	MPF50Q	日本 NKK
有机电解液	DLC204	深圳新宙邦股份有限公司
商用活性炭	YP50F	日本可乐丽
热塑套管	1820/1120	深圳长圆长通

表 2.2　主要仪器设备

仪器名称	型号规格	产地
管式电阻炉	SK2-4-12	东台宏祥电炉制造有限公司
真空干燥箱	DZF-6050	天津泰斯特仪器有限公司
电磁搅拌器	78HW-1	江苏金坛宏凯仪器厂
高低温试验箱	GDW-50	无锡锦华实验设备有限公司
电热鼓风干燥箱	DB-210SC	成都天宇实验设备有限公司
高精度电子天平	AR1140	梅特勒仪器有限公司
集热式加热器	DF-101S	邦西仪器科技有限公司
电子万用炉	DL-1	天津赛得利斯仪器制造厂
光学显微镜	YJ-2016T	宁波天宇光电科技有限公司
调速多用振荡器	HY-4A	朗博仪器制造有限公司
循环水式真空泵	SHZ-D(Ⅲ)	河南予华仪器有限公司
数字万用表	Agilent 34401A	美国 Agilent 公司
X 射线衍射仪	D8 ADVANCE	德国布鲁克有限公司
扫描电子显微镜	VEGA	捷克 Tescan
电化学工作站	IM6ex	德国 NETZSCH
空压机	Y2K-1	柳州巨风压缩机有限公司
井式电阻炉	定制	东台宏祥电炉制造有限公司

续表

仪器名称	型号规格	产地
超声波清洗仪	ZB-20	上海卓博精密机械有限公司
电池测试系统	CT2001A	武汉蓝电电子有限公司
搅拌机	B-50	深圳永兴业机械有限公司
三维混料机	SWH-50	无锡福安粉体设备有限公司
辊压机	JK-GYJ-300	深圳晶科诺尔科技有限公司
手套箱	YMB-200GB	深圳永兴业机械有限公司
电动封口机	FK-D160	深圳永兴业机械有限公司
自动注液系统	ZY-H1	深圳永兴业机械有限公司
双行星混料机	HD-20	深圳永兴业机械有限公司
工业鼓风干燥箱	JK-HX-01	深圳晶科诺尔有限公司
真空负压机组	ZF-1.5B	淄博美卓真空泵制造厂
点焊机	SWD-2119	深圳超思思科技有限公司
真空烤箱	JK-ZKHX-A3	深圳晶科诺尔科技有限公司
真空含浸箱	定制	深圳晶科诺尔科技有限公司
制氮系统	定制	苏州宏博净化设备有限公司
直流稳压电源	SPS30100	深圳尼派科技有限公司
露点仪	EA-TX-100	MICHELL
隧道炉	定制	深圳鼎发设备有限公司
内阻测试仪	RBM-200	深圳超思思科技有限公司
热分析仪	EXSTAR6000	日本 SEIKO 公司

2.2 形貌、成分和结构表征

2.2.1 孔隙性

固体表面由于多种原因总是凹凸不平,凹坑深度大于凹坑直径就成为孔。有孔的材料叫多孔材料(porous material),没有孔的材料称非孔材料

(nonporous material)。多孔材料的表征参数很多,包括比表面积(specific surface area)、孔径(pore diameter)、孔径分布(pore size distribution)和孔容(pore volume)等。根据孔径不同,IUPAC 将孔分为微孔(micropore,孔径<2 nm)、中孔(mesopore,孔径为 2~50 nm)和大孔(macropore,孔径>50 nm)。其中,中孔和大孔统称为外孔。

气体与清洁固体表面接触时,在固体表面上气体的浓度高于气相,这种现象称为吸附(adsorption)。吸附气体的固体物质称为吸附剂(adsorbent),被吸附的物质称为吸附质(adsorptive)。吸附质在表面吸附以后的状态称为吸附态。吸附可以分为物理吸附和化学吸附。物理吸附中,吸附质与吸附剂之间以范德瓦耳斯力结合;化学吸附中,吸附质与吸附剂之间以化学键结合。

1. 碘吸附

碘吸附值是指每克吸附剂所吸附的碘的毫克数(mg·g^{-1}),是常用的反映活性炭吸附性能的重要指标。本研究中活性炭的碘吸附值按照国标 GB/T 12496.8—2015 进行测定。主要测试过程如下:

(1) 称取经粉碎至 71 μm 的干燥试样 0.5 g(称准值 0.4 mg),放入 100 mL 干燥的碘量瓶中,准确加入体积比为浓盐酸:水＝1:9 的稀盐酸 10 mL 使试样湿润,放在电炉上加热至沸腾,微沸(30±2)s,冷却至室温后,加入 50 mL 的 0.1 mol·L^{-1} 碘标准溶液。

(2) 盖上瓶塞,在振荡机上以 240~275 次·min^{-1} 的频率振荡 15 min,迅速将碘液过滤到干燥烧杯中。

(3) 移液管吸取 10 mL 滤液,放入 250 mL 碘量瓶中,加入 100 mL 去离子水,用 0.1 mol·L^{-1} 硫代硫酸钠标准溶液进行滴定,在溶液呈淡黄色时,加入 2 mL 淀粉指示液,继续滴定至蓝色消失为止,记录下使用的硫代硫酸钠体积。

碘吸附值的计算公式为

$$A = \frac{5(10c_1 - 1.2c_2v_2)}{m}D \tag{2.1}$$

其中,A 为试样的碘吸附值,mg·g^{-1};c_1 为碘标准溶液的浓度,mol·L^{-1};c_2 为硫代硫酸钠标准溶液的浓度,mol·L^{-1};v_2 为硫代硫酸钠溶液消耗的量,mL;m 为试样质量,g;D 为校正系数,D 值由剩余浓度 c_3 查表得到。c_3 采用如下公式计算:

$$c_3 = \frac{c_1 c_2}{10} \tag{2.2}$$

2. 氮气吸附

除了碘吸附和亚甲蓝吸附等液体吸附法，气体吸附法是表征多孔材料孔隙结构最为成熟和通用的方法，其基本方法是测定一定温度下气体压力与吸附量的关系得到吸/脱附曲线，常用的吸附气体主要有 N_2、CO_2、He 和水蒸气等，其中，N_2 是最常用的吸附质。

本研究中氮气吸附测试采用美国 Micrometrics 公司产的吸附仪进行，以 N_2 为吸附介质，在相对压力（P/P_0）为 $0\sim1$ 的范围内，测试不同压力下活性炭样品的氮气吸附量，获得样品在 77 K 下对 N_2 的吸附等温线。

（1）吸附等温线

固体表面上气体的浓度由于吸附而增加时，称为吸附过程（adsorption）；反之，当气体在固体表面上的浓度减少时，则为脱附过程（desorption）。吸附速率与脱附速率相等时，表面上吸附的气体量维持不变，这种状态即为吸附平衡。

在恒定温度下，对应于一定的吸附质压力，固体表面上只能存在一定量的气体吸附。通过测定一系列相对压力下相应的吸附量，可以得到吸附等温线。吸附等温线的形状与孔径和孔的数量有关。通常吸附等温线可以分为 6 种类型（图 2.1）。

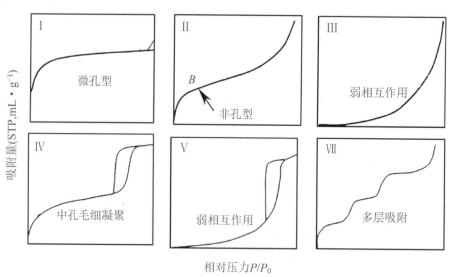

图 2.1　吸附等温线类型

Ⅰ型等温线为 Langmuir(朗谬尔)等温线,对应于朗谬尔单层可逆吸附过程,是窄孔的吸附。此类多孔材料的外表面积比微孔表面积小很多,吸附容量受孔体积控制。吸附等温线平台转折点对应吸附剂的微孔全被凝聚液充满。这类等温线在接近饱和蒸气压时,由于微粒之间存在缝隙,会发生类似大孔的吸附,等温线会迅速上升。

Ⅱ型等温线为 S 形等温线,相应于发生在非孔固体表面或大孔固体上自由的单一多层可逆吸附过程。在低相对压力下存在拐点 B,是等温线的第一个陡峭部,它提示单分子层的饱和吸附量,相当于单分子层吸附的完成。随着压力的增加,开始形成第二层。在饱和蒸气压时,吸附层数无限大。

Ⅲ型等温线的特征是在整个压力范围内向下凸,曲线没有拐点 B。在憎液性表面发生多分子层,或者固体和吸附质的吸附相互作用小于吸附质之间的相互作用时,呈现这种类型。该类等温线在低压区的吸附量少,且不出现 B 点,表明吸附剂和吸附质之间的作用力很弱。相对压力越高,吸附量越大。

Ⅳ型等温线对应于多孔吸附剂出现毛细凝聚,等温线可以分为三段。第一段先形成单层吸附,其拐点指示单分子层饱和吸附量。第二段为多层吸附。第三段为毛细凝聚,其中,洄滞环的起点表示最小毛细孔开始凝聚;洄滞环的终点表示最大的孔被凝聚液填满;洄滞环以后出现平台。

Ⅴ型等温线为墨水瓶形,较为少见。该等温线虽然反映了吸附剂和吸附质之间作用微弱的Ⅲ型等温线特点,但是在高压区又表现为有孔填充,有时在高压区也存在毛细凝聚和洄滞环。

Ⅵ型等温线又称阶梯形等温线,是一种特殊类型的等温线,反映的是固体均匀表面上谐式多层吸附的结果。

(2) BET 比表面积

Brunauer-Emmett-Teller (BET)法是应用最广泛的计算多孔材料比表面积的方法。[124]根据 Langmuir 单分子层吸附理论,随着压力提高,吸附质分子覆盖固体表面部分逐渐增大,最终在整个表面形成吸附质的单分子层,由吸附等温线可求出单分子层吸附容量,根据吸附量和吸附质分子的截面积就可求出吸附剂的比表面积。BET 比表面积的计算公式为

$$\frac{P/P_0}{V_d(1-P/P_0)} = \frac{1}{V_m C} + \frac{(C-1)}{V_m C}\frac{P}{P_0} \tag{2.3}$$

其中,P/P_0 为相对压力,V_d 为气体吸附量(mL·g^{-1}),V_m 为在样品上形成单分子层时的饱和吸附量(mL·g^{-1}),C 为与吸附有关的常数。选择相对压力 P/P_0 为 0.05~0.35 的范围,利用实验测得的与各相对压力 P/P_0 相对应的吸附量 V_d,根据 BET 公式,以 $(P/P_0)[V_d(1-P/P_0)]$ 为纵坐标,P/P_0 为横坐标作图,则 BET 公式就为一条直线,其斜率为 $a=(C-1)/(V_mC)$,截距为 $b=1/(V_mC)$,进而求得单分子层饱和吸附量 $V_m=1/(a+b)$,则活性炭的 BET 比表面积 S_{BET} 为

$$S_{BET} = 4.36V_m/m \qquad (2.4)$$

其中,m 为样品质量。

(3) 总孔容

由测定的吸脱附等温线采用单点法在相对压力为最大值时的吸附量作为样品总孔容 V_t。

(4) 微孔比表面积和微孔孔容

Lippens、Linsen 和 De Boer 开发了一种分析多种材料比表面积和孔容的方法,称为 t-plot 法。t-plot 法是将吸附等温曲线(横坐标为相对压力 P/P_0,纵坐标为吸附量)转化为以吸附层厚度的曲线(横坐标为吸附层厚度,纵坐标为吸附量),使用标准 t 曲线(横坐标是相对压力,纵坐标是吸附层厚度 t)进行转化。吸附层厚度 t 通过公式计算:

$$t = 3.54 \cdot (V/V_m) \qquad (2.5)$$

其中,假定氮气分子在材料表面呈六边形紧密排列,V_m 为单层吸附量,V 为特定相对压力下的吸附量。

根据 t-plot 法,可以计算得到微孔比表面积 S_{micro} 和微孔孔容 V_{micro}。在此基础上可以计算外比表面积 S_{exter} 和外孔孔容 V_{exter}:

$$S_{exter} = S_{BET} - S_{micro} \qquad (2.6)$$

$$V_{exter} = V_t - V_{micro} \qquad (2.7)$$

(5) 孔径分布

孔径分布(pore size distribution,PSD)的经典理论包括 DR 法和 BJH 法以及一些半经验处理方法,如 HK 法和 SF 法等。但这些方法均不能给出填充微孔和小尺寸中孔的实际描绘。密度泛函理论(DFT)提供了更加准确的分析孔径的方法。DFT 法已被广泛用于表征微孔炭、中孔炭、SiO_2 和分子筛等。本研

究孔径分布计算采用 DFT 法。

2.2.2　扫描电子显微镜

扫描电子显微镜(scanning electron microscope,SEM)是 20 世纪 60 年代发展起来的一种新型的电子光学仪器,被广泛地应用于化学、生物、医学、冶金、材料、半导体制造、微电路检查等各个研究领域和工业部门。其特点是制样简单、放大倍数可调范围宽(25～650000 倍)、图像分辨率高、景深大和保真度高等。

SEM 是用途最为广泛的一种仪器,具有非常广泛的应用场景。包括但不限于以下场景:① 利用高分辨率特性观察纳米材料;② 利用其景深大、立体感强的特性,分析材料的断口;③ 可以直接观察直径为 100 mm 或更大尺寸的试样的原始表面;④ 观察厚试样,得到真实的高分辨率形貌;⑤ 利用其三维空间平移,三维空间旋转的特点,观察试样的区域细节;⑥ 大视场、低放大倍数下观察样品;⑦ 观察生物试样;⑧ 在加热、冷却、弯曲、刻蚀等条件下对试样进行动态观察。本研究采用扫描电镜观察活性炭的形貌,特别是活性炭的孔隙。

2.2.3　透射电子显微镜

相比于 SEM,透射电子显微镜(transmission electron microscope ,TEM)是一种具有更高分辨率、更高放大倍数的显微观察设备,是观察分析材料的形貌、组织和结构的有效工具。TEM 不仅可以进行表观形貌分析,也可以利用电子衍射理论进行晶体结构分析。

TEM 主要由成像系统、真空系统以及电气系统三部分组成。成像系统包括产生电子束的电子枪以及使得电子束汇聚的放大系统。成像放大系统主要由物镜、中间镜以及投影镜组成,其中,物镜的分辨率对于整个成像系统的分辨率影响最大。

TEM 的工作原理:以电子为照明束,由电子枪发射出来的电子,在阳极加速电压作用下,经过聚光镜,会聚为电子束照射样品,穿过样品的电子携带了样品本身的结构信息,经物镜、中间镜和投影镜聚焦放大,最终以图像或衍射谱的形式显于荧光屏。

超级电容器研究中可利用 TEM 来观察活性炭的形貌、结构和石墨化程度。

2.2.4　X 射线衍射

X 射线衍射(X ray diffraction,XRD)是研究晶体物质和某些非晶态物质微观结构的有效方法,除一般物相分析外,还可以进行单晶分析、结构分析、测定微晶尺寸、宏观及微观应力等。

1. 基本原理

当一束单色 X 射线照射到晶体上时,晶体中原子周围的电子受 X 射线周期变化的电场作用而振动,从而使每个电子都变成次生波源,发射相同频率的散射波,基于晶体结构的周期性,散射波可相互干涉而叠加,即为衍射。X 射线在晶体中的衍射现象,实质上是大量原子散射波相互干涉的结果。每种晶体所产生的衍射花样都反映出晶体内部的原子分布规律。

晶体的衍射花样的特征主要包括衍射线的空间分布和衍射线的强度。其中,衍射线的空间分布由晶胞大小、形状和位向决定;衍射线的强度则取决于原子的种类及其在晶胞的位置。

2. 布拉格方程

布拉格方程反映衍射线方向与晶体结构之间的关系。只有满足布拉格方程的入射线角度才能够产生干涉增强,才会表现出衍射条纹。

$$2d \sin \theta = n\lambda \tag{2.8}$$

其中,d 为晶面间距,n 为衍射级数,2θ 为衍射角。

3. 谢乐公式

谢乐(Scherrer)公式描述晶粒尺寸与衍射峰半峰宽之间的关系,其基本原理为:当 X 射线入射到小晶体时,其衍射线条将变得弥散而宽化,晶体的晶粒越小,X 射线衍射谱带的宽化程度就越大。

$$D_{hkl} = \frac{k\lambda}{\beta \cos \theta_{hkl}} \tag{2.9}$$

其中,D 为晶粒大小;β 为半峰宽;k 为形状系数,通常取 1。

4. XRD 物相分析

基本原理:每一种晶体和它的衍射花样都是一一对应的,不可能有两种不同晶体给出完全相同的衍射花样。随着 XRD 标准数据库的日益完善,XRD 物相分析变得越来越简单,目前最常见的操作方式是将样品的 XRD 谱图与标准谱图进行对比来确定样品的物相组成。XRD 标准数据库包括 JCPDS(即 PDF卡片)、ICSD 和 CCDC 等,分析 XRD 谱图的软件包括 Jade 和 Xpert Highscore等,最常用的是 Jade。

超级电容器活性炭研究中,XRD 一方面用来计算石墨微晶的晶面间距和微晶尺寸,另一方面用来分析活性炭的石墨化程度。

2.2.5　热重分析

热重分析法(thermogravimetry analysis,简称 TG 或 TGA)的基本原理是以炉体为加热体,使样品在一定的程序控温(升/降/恒温)条件下,以及一定的动态气氛(如 N_2、Ar、He 等保护气氛,O_2、空气等氧化气氛,其他特殊气氛),或真空、静态气氛下进行测试,观察样品的质量随温度或时间的变化过程。当样品发生质量变化(其原因包括分解、氧化、还原、吸附与解吸附等)时,会在 TG曲线上体现为失重(或增重)台阶,由此可以得知该失/增重过程所发生的温度区域,并定量计算失/增重比例。若对 TG 曲线进行一次微分计算,则得到热重微分曲线(DTG 曲线),可以进一步得到重量变化速率等更多信息。

TG 可以测定材料在不同气氛下的热稳定性与氧化稳定性,可对分解、吸附、解吸、氧化、还原等物化过程进行分析,还可利用 TG 测试结果进一步做表观反应动力学研究。可对物质进行成分的定量计算,测定水分、挥发成分及各种添加剂与填充剂的含量。TG 被广泛应用于塑料、橡胶、涂料、药品、催化剂、无机材料、金属材料与复合材料等各领域的研究开发、工艺优化与质量监控。

超级电容器活性炭研究可以通过 TG 曲线分析生物质前驱体的碳化热分解过程中的质量损失,特别是失重的结束温度点,据此确定碳化温度。另外,一步法制备活性炭过程中,需要根据 TG 曲线的残余质量,来确定对于某一碱炭比对应的 KOH 的用量。

2.2.6　红外光谱

光谱分析是一种根据物质的光谱来鉴别物质及确定其化学组成、结构或者相对含量的方法。按照分析原理,光谱技术主要分为吸收光谱、发射光谱和散射光谱三种;按被测位置的形态分类,光谱分析主要有原子光谱和分子光谱两种。红外光谱属于分子光谱,有红外发射和红外吸收光谱两种,常用的一般为红外吸收光谱。

红外光谱法实质上是一种根据分子内部原子间的相对振动和分子转动等信息来确定物质分子结构和鉴别化合物的分析方法。

分子运动有平动、转动、振动和电子运动四种,其中,后三种为量子运动。分子从较低的能级 E_1,吸收一个能量为 $h\gamma$ 的光子,可以跃迁到较高的能级 E_2,整个运动过程满足能量守恒定律。能级之间差距的大小,决定分子所吸收的光的频率或者波长。

红外吸收光谱是由分子振动和转动跃迁所引起的,组成化学键或官能团的原子处于不断振动(或转动)的状态。用红外光照射分子时,分子中的化学键或官能团可发生振动吸收,吸收与其振动频率相同的红外光。不同的化学键或官能团吸收频率不同,在红外光谱上将处于不同位置,从而可获得分子中含有何种化学键或官能团的信息。

分子的转动能级差比较小,所吸收的光频率低,波长很长,所以分子的纯转动能谱出现在远红外区(25～300 μm)。

振动能级差比转动能级差大很多,分子振动能级跃迁所吸收的光频率要高一些,分子的纯振动能谱一般出现在中红外区(2.5～25 μm)。在中红外区,分子中的基团主要有两种振动模式:伸缩振动和弯曲振动。伸缩振动指基团中的原子沿着价键方向来回运动(有对称和反对称两种),而弯曲振动指垂直于价键方向的运动(摇摆、扭曲、剪式等)。

红外吸收光谱主要用于定性分析分子中的官能团,也可以用于定量分析(较少使用,特别是多组分时定量分析存在困难)。红外光谱对样品的适用性相当广泛,固态、液态或气态样品都能应用,无机、有机、高分子化合物都可检测。

2.2.7　拉曼光谱

拉曼光谱是一种是基于光和材料内化学键的相互作用而产生的无损分析技术,它可以提供样品化学结构、相、形态、结晶度以及分子相互作用的详细信息。

拉曼光谱的基本原理是激光光源产生的高强度入射光被材料内部分子散射时,大多数散射光与入射激光具有相同的波长,这些散射光不能提供有用的测试信息,这种散射称为瑞利散射。但是,还有极小部分散射光的波长与入射光不同,其波长的改变量由测试样品的化学结构所决定,这部分散射称为拉曼散射。

拉曼散射图谱通常由一定数量的拉曼峰构成,每个拉曼峰包含了拉曼散射光的波长和强度信息。每个拉曼峰对应于一种特定的分子键振动,其中,既包括单一的化学键的振动,也包括由数个化学键组成的基团的振动。

拉曼光谱对于分子键合以及样品结构非常敏感,因而每种分子或样品都会有其特有的“指纹”光谱。这些“指纹”可以用来进行化学鉴别、形态与相、内压力/应力以及组成成分等方面的研究和分析。拉曼光谱能分析的材料从种类上分可以是无机材料、有机材料和生物材料等;从状态分可以是固体、液体、气体和胶体等。

超级电容器用活性炭研究可以利用拉曼光谱分析碳化料和活性炭的无序度。D 峰和 G 峰均是 C 原子晶体的拉曼特征峰,分别在 1350 cm^{-1} 和 1580 cm^{-1} 附近,D 峰反应的是晶格的碳缺陷,G 峰反应的是材料的碳化程度。I_D/I_G 的积分面积比越大,代表 C 原子晶体的缺陷比较多。采用 origin 软件对拉曼光谱进行分峰拟合,采用 Gauss 模型计算,可以得到 D 峰和 G 峰的积分面积,从而得出二者的比值。

2.2.8　X 射线光电子能谱

X 射线光电子能谱(X-ray photoelectron spectroscopy,XPS)是一种使用电子谱仪测量 X 射线光子辐照时样品表面所发射出的光电子和俄歇电子能量分布的方法。

XPS 可用于定性分析以及半定量分析,可以定性分析样品表面元素组成和样品表面元素的化学态和分子结构。一般从 XPS 图谱的峰位和峰形获得样品表面元素成分、化学态和分子结构等信息,从峰强可获得样品表面元素含量或浓度。

XPS 定性分析元素种类的基本原理:当一束光子辐照到样品表面时,光子可以被样品中某一元素的原子轨道上的电子所吸收,使得该电子脱离原子核的束缚,以一定的动能从原子内部发射出来,变成自由的光电子,而原子本身则变成一个激发态的离子。根据爱因斯坦方程有

$$E_k = h\nu - E_B \qquad\qquad (2.10)$$

式中,E_k 为出射光电子的动能,$h\nu$ 为 X 射线源光子的能量,E_B 为特定原子轨道上的结合能。对于特定的单色激发源和特定的原子轨道,其光电子的能量是特征的。当固定激发源能量时,其光电子的能量仅与元素的种类和所电离激发的原子轨道有关。因此,可以根据光电子的结合能定性分析物质的元素种类。

XPS 定性分析元素的化学态和分子结构的基本原理:原子因所处化学环境不同,其内壳层电子结合能会发生变化,这种变化在谱图上表现为谱峰的位移(化学位移)。这种化学环境的不同可能是与原子相结合的元素种类或者数量不同有关,也可能是原子具有不同的化学价态。

2.2.9　元素分析

有机元素分析通常是测定有机化合物中分布较广和较为常见的元素,如碳(C)、氢(H)、氧(O)、氮(N)、硫(S)等元素。通过测定有机化合物中各有机元素的含量,可确定化合物中各元素的组成比例进而得到该化合物的实验式。

元素分析法包括化学法、光谱法、能谱法等,其中,化学法是最经典的分析方法。但化学法具有分析时间长、工作量大等缺点。随着自动化技术和计算机控制技术日趋成熟,元素分析自动化便应运而生,并配备了微处理器进行条件控制和数据处理,方法简便迅速,逐渐成为元素分析的主要方法手段。目前,有机元素分析仪上常用检测方法主要有示差热导法、反应气相色谱法、电量法和电导法几种。

超级电容器用活性炭研究中可以使用有机元素分析法测定前驱体和产物活性炭中 C、H、O、N、S 等元素的含量,并分析这些元素对电容器电荷存储性能的影响。

2.2.10　接触角

接触角(contact angle,CA)是指在气、液、固三相交点处所作的气-液界面的切线在液体一方的与固-液交界线之间的夹角 θ(图 2.2)。若 $\theta < 90°$,则固体表面是亲水性的,即液体较易润湿固体,其角越小,表示润湿性越好;若 $\theta > 90°$,则固体表面是疏水性的,即液体不容易润湿固体,容易在表面上移动。

液体在固体材料表面上的接触角,是衡量该液体对材料表面润湿性能的重

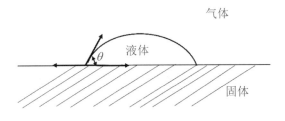

图 2.2　接触角示意图

要参数。通过接触角的测量可以获得材料表面固-液、固-气界面相互作用的许多信息。接触角测量技术不仅可用于常见的表征材料的表面性能,而且在石油、医药、材料、芯片、化妆品、农药、印染、造纸、织物、洗涤、喷涂、污水处等领域有着重要的应用。

超级电容器研究中可采用接触角测试来检测活性材料对电解液的浸润性,特别是表面改性或者掺杂对活性材料浸润性的影响研究。

2.3　电化学性能表征

超级电容器的主要性能参数包括循环伏安(cyclic voltammetry,CV)、恒流充放电(galvanostatic charge/discharge,GCD)、比电容、等效串联电阻(equivalent series resistance,ESR)、交流阻抗谱、能量密度、功率密度、漏电流、充放电效率、自放电和循环寿命等。循环伏安和交流阻抗谱测试采用德国Zahner 公司的 IM6ex 电化学工作站测试。恒流充放电测试采用电化学工作站或者电池测试系统进行。

2.3.1　电极制备和超级电容器组装

按 75％、20％和 5％的质量比称取活性炭、导电炭黑和聚四氟乙烯(PTFE)乳液,先将活性炭和导电炭黑混合均匀,用适量去离子水将 PTFE 乳液稀释后加入到混合粉末中调制成浆料,将浆料于 90 ℃鼓风干燥箱干燥 6 h,分散并均匀地铺洒在泡沫镍集流体上,用压片机在 15 MPa 的压力下将其压制成圆形薄片电极(直径8 mm,厚度约0.5 mm),之后将电极置于真空干燥箱中充分干燥,称量并记录每片电极的质量(40~60 mg)。

对于两电极测试体系,为了测试方便,将电极片组装成纽扣式超级电容器再进行测试。具体组装过程为:准备好1个不锈钢正极壳、1个不锈钢负极盖和1个密封圈。将电极片在水系电解液中充分浸泡,取1片电极放入负极盖中,接着取1片蘸过电解液隔膜放置到负极盖内的电极片上,将密封圈嵌套到负极盖上,再取1片电极放置到隔膜上,负极盖、隔膜和两片电极要求中心对齐,然后扣上正极壳,最后使用封口机封口,得到纽扣式超级电容器,具体流程如图2.3所示。

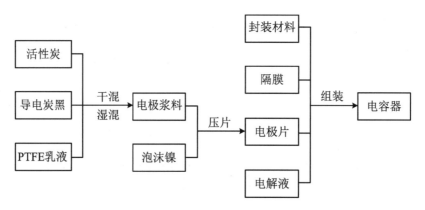

图2.3　超级电容器组装工艺流程

2.3.2　循环伏安测试

循环伏安特性测试就是给工作电极施加一个线性变化来回扫描的电位信号,记录电路中的响应电流,从而得到响应电流与电位的关系曲线。CV测试可直观地观测充放电过程中电极表面的电化学行为,从而了解电极在工作电压范围内是否表现出理想的电容行为。通过分析循环伏安曲线,可以研究电极的可逆性、稳定性、电容性能等。

循环伏安特性测试采用三电极体系,包括工作电极(研究电极)、参比电极和辅助电极(对电极)。其中,参比电极和辅助电极分别为饱和甘汞电极(SCE)和铂片电极。循环伏安特性测试的基本过程为:先将电解液真空脱气30 min,然后将三个电极分别连接到电化学测试系统的对应引出端,将测试系统的控制程序设定为图2.4(a)所示的电位扫描波形,最后进行测试,由系统自动记录电极的响应电流。以电位为横轴,响应电流为纵轴绘图,即可得到循环伏安曲线。

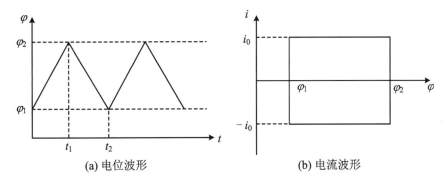

(a) 电位波形　　　　　　　　　　(b) 电流波形

图 2.4　循环伏安测试电位波形和理想响应电流波形

对于给定的线性扫描电位 φ,电极的响应电流 i 满足下面公式:

$$i = \frac{\mathrm{d}Q}{\mathrm{d}t} = \frac{\mathrm{d}(C\varphi)}{\mathrm{d}t} = \varphi\frac{\mathrm{d}C}{\mathrm{d}t} + C\frac{\mathrm{d}\varphi}{\mathrm{d}t} = \varphi\frac{\mathrm{d}C}{\mathrm{d}t} + Cv \tag{2.11}$$

其中,Q 为电荷量,C 为电极容量,v 为电位扫描速度。对于理想双电层,电极电容与电位无关,其循环伏安曲线为矩形(图 2.4(b))。实际双电层电容器在不同电位处的电容经常不同,加上电荷转移电阻的存在,其 CV 曲线会偏离标准矩形。

2.3.3　恒流充放电测试

恒流充放电测试可以采用两电极体系,也可以采用三电极体系。测试时,在连接好测试电路后,设置图 2.5(a)所示的电流波形,接着进行测试并由测试系统自动记录体系的响应电压随充放电时间的变化,得到图 2.5(b)所示的恒流充放电曲线。

2.3.4　电化学阻抗谱

电化学阻抗谱(electrochemical impedance spectroscopy,EIS),也称交流阻抗谱,其原理是给电化学系统施加一个频率变化的小振幅的交流正弦电势波,测量交流电势与电流信号的比值(系统的阻抗)随正弦波频率 w 的变化,其中,电化学系统可以看成一个由电阻、电容和电感等基础元件构成的等效电路。通过 EIS,可以测定等效电路的构成以及各元件的大小,利用这些元件的电化学

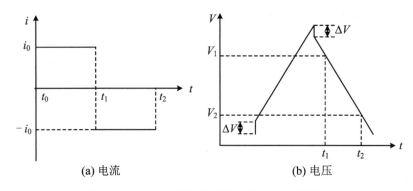

(a) 电流　　　　　　　　　　　　(b) 电压

图 2.5　GCD 测试电流信号曲线和相应电压曲线

含义来分析电化学系统的结构和电极过程等。

　　EIS 是一种频率域测量方法,可测量的频率范围很宽,可以得到比其他常规电化学法更为宏观的关于电极过程动力学和界面结构的信息。另外,由于测试过程施加的是交流信号,不容易产生电极极化,因此其是一种准稳态方法。

　　本研究交流阻抗谱测试在德国 Zahner 公司的 IM6ex 电化学工作站上进行,测试采用三电极体系,工作电极为 AC 电极,辅助电极为铂片电极,参比电极根据所使用电解液进行选择,测试的频率范围为 100 kHz～100 MHz,交流信号幅值为 5 mV。

2.3.5　比电容

　　超级电容器的比电容包括面积比电容、质量比电容和体积比电容。面积比电容指单位面积的活性材料所取得的电容量,单位为 $\mu F \cdot cm^{-2}$。质量比电容指单位质量的活性材料能取得的电容量,单位为 $F \cdot g^{-1}$。体积比电容是指单位体积的电容器空间所具有的电容量,单位为 $F \cdot cm^{-3}$。从储能角度考虑,体积比电容比质量比电容更能体现电容器的电荷存储能力,但使用最多的还是质量比电容。比电容计算的前提是先计算出电容器的电容值,而电容量可以由 CV 曲线计算,也可以由 GCD 曲线计算。因此比电容的计算方法分为 CV 法和 GCD 法。CV 法计算的比电容与扫速密切相关;同样,GCD 法计算的比电容与充放电电流密度相关。因此比较比电容的大小,必须说明测试所使用的扫描速度或者充放电电流密度。

（1）CV 法计算质量比电容

CV 法计算质量比电容的公式为

$$C_{\mathrm{g}}=\frac{1}{m\left(V_2-V_1\right)}\int_{V_1}^{V_2}\frac{Q}{\Delta V}\mathrm{d}V=\frac{1}{m\left(V_2-V_1\right)}\int_{V_1}^{V_2}\frac{i}{v}\mathrm{d}V \tag{2.12}$$

其中，C_{g} 为质量比电容，m 为电极材料的质量，i 为响应电流，v 为扫描速度，V_1 和 V_2 分别为扫描端点电位。

（2）GCD 法计算比电容

如图 2.5(b)所示，和传统静电电容器类似，恒流充放电时，电极响应电压随时间线性变化。电极的比电容可以利用其充放电曲线的直线部分进行计算。假定恒流充放电电流为 i_0，则体系的电荷存储为

$$Q=i_0\Delta t=C\Delta V \tag{2.13}$$

从而得到质量比电容为

$$C_{\mathrm{g}}=\frac{i_0\Delta t}{\Delta Vm}=\frac{i_0\left(t_2-t_1\right)}{m\left(V_1-V_2\right)} \tag{2.14}$$

2.3.6　等效串联电阻

ESR 是衡量超级电容器性能的重要指标，ESR 的存在会导致电容器可存储电荷的电位范围降低，减弱其电荷存储能力。图 2.5(b)清楚地表明超级电容器在充电和放电开始的瞬间会出现电压的突升或突降（ΔV），这是由超级电容器中 ESR 的存在造成的。超级电容器的 ESR 主要来自电极材料、黏结剂、隔膜和电解液的电阻，各种接触电阻和电解液传质电阻。根据充放电开始瞬间，电压的突变值 ΔV 和充放电电流 i_0 可以计算电容器的 ESR，计算公式为

$$R_{\mathrm{s}}=\frac{\Delta V}{i_0} \tag{2.15}$$

其中，R_{s} 表示 ESR。

2.3.7　能量密度与功率密度

超级电容器的能量密度 E 可以采用下式计算：

$$E=\frac{C_{\mathrm{g}}(\Delta V)^2}{4\times2\times3.6} \tag{2.16}$$

在此基础上可以计算功率密度 P：

$$P = \frac{3600E}{\Delta t} \tag{2.17}$$

其中,E 为能量密度(Wh·kg^{-1}),ΔV 为电容器单元去除放电过程中 IR 电压降后的电压(V),P 为功率密度(W·kg^{-1}),C_g 为质量比电容(F·g^{-1}),Δt 为放电时间(s)。

2.3.8　充放电效率

超级电容器的充放电效率为

$$\eta = \frac{Q_{dch}}{Q_{ch}} \times 100\% \tag{2.18}$$

其中,Q_{dch} 为电容器的放电容量,Q_{ch} 为电容器的充电容量。

2.3.9　漏电流

漏电流是指超级电容器充电结束后,继续给超级电容器两端施加大小等于工作电压的电压,记录充电电流时间的变化,并以某一时刻的电流为电容器的漏电流。漏电流是表征超级电容器电荷保存性能的重要指标,其具体测试过程如下:

(1) 将电容器短路 30 min 以上。

(2) 用恒流充电的方法将电容器充电到工作电压。

(3) 用恒压充电的方式,设定充电电压为工作电压,记录充电电流随时间的变化,并取某一时刻的电流值为电容器的漏电流。

2.3.10　自放电

超级电容器的自放电是指电容器充电结束后开路存放时,正、负极之间的电压随时间逐渐降低的现象,它是反映超级电容器能量存储时间的重要指标。测试超级电容器的自放电时,先将电容器充电到工作电压,并恒压一定时间,然后将电容器接到电位采集设备的引线端,测试电容器的电压随时间的变化,测试数据由电位采集设备自动记录。具体测试过程如下:

(1) 将电容器短路 30 min 以上。

(2) 用恒流充电的方法将电容器充电到工作电压。

（3）用恒压充电的方式，设定充电电压为工作电压，充电 30 min。

（4）将电容器连接到电位自动采集设备端口，记录电容器电压随时间的变化。

2.3.11　循环寿命

超级电容器的一个重要特征是具有长循环寿命，充放电循环次数可达 10^5 次以上，循环寿命是衡量超级电容器性能的一个重要指标。超级电容器循环寿命主要通过对电容器进行长时间反复充放电，分析其容量、内阻和自放电等性能参数随充放电次数的变化情况来考察，主要通过容量衰减情况来确定。

第 3 章　石油焦基 AC 的绿色制备研究

3.1　引　　言

活性炭的性能主要取决于原材料和制备工艺。各种原材料的组分主要包括碳、灰分、挥发分和水分等。高碳含量的原材料有利于制备高比表面积 AC，因此，应尽可能选择碳含量高的原材料。作为典型的煤质原材料，石油焦（petroleum coke）不仅碳含量很高（质量分数 85％以上），而且灰分和挥发分含量都很低，非常适合制备高比表面积、高纯度活性炭。

石油焦是原油经蒸馏分离出的重质油再经热裂过程转化而成的产品，为形状不规则、大小不一的黑色块状或颗粒状物质，且有金属光泽。和烟煤、木材和果壳相比，石油焦晶化程度高，无定型碳含量少，易于石墨化，活化困难。因此，要制备适合超级电容器用的高比表面积活性炭必须选择合适的活化剂并配以恰当的活化方法。

由于物理活化法通常只适合制备微孔发达的活性炭，此类活性炭用作超级电容器电极材料不仅比电容小，而且功率特性差。化学活化法适合制备具有特定孔径分布的高比表面活性炭。化学活化法的常用活化剂为 $ZnCl_2$ 和 H_3PO_4，但是低温下 $ZnCl_2$ 和 H_3PO_4 都难以嵌入石油焦的微晶之间，不能起造孔作用，而高温下 $ZnCl_2$ 或 H_3PO_4 则会挥发或分解，不能在原料中保留，所以，这两种常用活化剂对石油焦的活化效果都较差。

强碱能渗进石油焦微晶间隙中，并与其中的碳化物、无定形碳以及活性点反应，形成孔隙结构。由于 K 原子的活泼性强于 Na 原子，在用量相同的条件下,KOH 能更多地渗进石油焦的基本微晶中,与石油焦发生化学反应,而且熔融 K 电解质在炭表面的润湿性好。因而,KOH 是石油焦基 AC 制备最合适的活化剂。但是由于石油焦石墨微晶结构稳固,活化困难。为了制备高比表面积 AC,活化过程中通常需要使用大量的 KOH,不仅成本高,而且设备腐蚀严重。活化前对石油焦进行预处理,破坏石油焦内部的微晶结构,降低石油焦活化难度是减少 KOH 使用量的重要途径。本研究分别尝试使用过氧化氢氧化、高氯酸氧化和硝酸膨化的方法对石油焦进行预处理来实现上述目标,并研究这些方法的效果以及所制备 AC 的电化学性能。

在石油焦改性 AC 制备研究之前,先研究了活性炭的孔结构与电容性能的关系,探索高性能超级电容器用 AC 所应具有的孔隙结构,为后续 AC 的研制指明方向。

3.2　活性炭的孔结构与电容性能关系研究

诸多研究者认为采用传统工艺制备的微孔炭(包括超级活性炭)由于孔径过小,致使活性炭的比电容小,功率特性差,不适合作为超级电容器电极材料。[103-104]为了探索活性炭的孔结构与电容性能之间的关系,本节采用不同前驱体,制备不同类型的活性炭,并研究其电化学性能。

3.2.1　活性炭的制备

使用特定的前驱体材料,采用传统的炭化、活化工艺,通过优化工艺条件制备了 AC-1、AC-2、AC-3、AC-4 四个不同类型的活性炭样品。

3.2.2　活性炭孔隙性和电化学性能分析

样品的比电容和孔隙参数如表 3.1 所示,其中,C 为比电容,S_{BET} 为 BET 比表面积,S_{micro} 为微孔比表面积,S_{exter} 为外比表面积,R 为微孔比表面积占 BET 比表面积比例。2 nm 以下的孔对应的比表面积称为微孔比表面积,剩余孔对应的比表面积称为外比表面积。可以看出,四个样品 BET 比表面积都较高,均在 2000 m² · g⁻¹ 以上,而且微孔占比表面积比例也都很高,最低为 87.7%,最高为 93.1%,均为典型的微孔炭。尽管各样品均为微孔炭,但是其质量比电容均很高,其中,AC-1 比电容最高,达到 307 F · g⁻¹,AC-4 最低,但也达到了 248 F · g⁻¹。

表 3.1　活性炭比电容和孔隙参数

样品	C	S_{BET}	S_{micro}	S_{exter}	R
	$(F \cdot g^{-1})$	$(m^2 \cdot g^{-1})$	$(m^2 \cdot g^{-1})$	$(m^2 \cdot g^{-1})$	$(\%)$
AC-1	307	2496	2323	173	93.1
AC-2	279	2208	2120	88	96.0
AC-3	270	2139	2032	107	95.0
AC-4	248	2011	1764	247	87.7

单位面积的微孔和外孔对双电层电容的贡献程度不同,这一观点已被普遍接受。假设所有微孔表面都能形成双电层,其面积比电容容为 C_{micro},而外孔面积比电容为 C_{exter},则活性炭的质量比电容可以表示为

$$C = C_{exter} \times S_{exter} + C_{micro} \times S_{micro} \tag{3.1}$$

根据文献[105],将公式变换为

$$\frac{C}{S_{exter}} = C_{exter} + C_{micro} \times \frac{S_{micro}}{S_{exter}} \tag{3.2}$$

利用上面的公式,将表 3.1 的测试结果进行拟合,拟合曲线如图 3.1 所示。

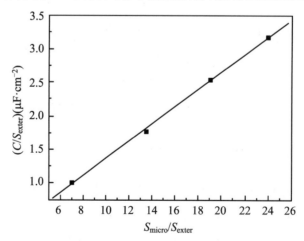

图 3.1　C/S_{exter} 与 S_{micro}/S_{exter} 拟合曲线图

根据拟合结果,得到

$$\frac{C}{S_{\text{exter}}} = 0.08 + 0.128 \frac{S_{\text{micro}}}{S_{\text{exter}}} \tag{3.3}$$

即 C_{exter} 和 C_{micro} 分别为 $8.0\ \mu F \cdot cm^{-2}$ 和 $12.8\ \mu F \cdot cm^{-2}$。可以看出,外孔面积比电容低于微孔。这是因为外孔存在大且平的表面,具有半导体表面行为。外孔表面的面积比电容可以看作是清洁石墨表面双电层面积比电容($20\ \mu F \cdot cm^{-2}$)与单位表面积的空间电荷电容($13\ \mu F \cdot cm^{-2}$)的串联,其值为 $7.9\ \mu F \cdot cm^{-2}$,与实验拟合值 $8.0\ \mu F \cdot cm^{-2}$ 相近。本研究中,外孔(主要为小孔径中孔)的比表面积比较低,且外孔的面积比电容小,所以电容量主要来自微孔的贡献。四个样品中,中孔对比电容的贡献率最高为 5.6%。中孔的主要作用是作为电解质离子运输的通道,提高电容器的功率特性。

微孔面积比电容 C_{micro} 为 $12.8\ \mu F \cdot cm^{-2}$,与理论值 $20\ \mu F \cdot cm^{-2}$ 相差很大,这主要是由于活性炭中存在很大一部分由于孔宽过小而无法被电解液浸润的微孔,这部分微孔对比电容器没有贡献。

图 3.2 为样品 AC-1 在扫速分别为 $5\ mV \cdot s^{-1}$、$10\ mV \cdot s^{-1}$、$20\ mV \cdot s^{-1}$、$50\ mV \cdot s^{-1}$ 和 $100\ mV \cdot s^{-1}$ 时的 CV 曲线。可以看出,CV 曲线具有明显的矩形特征,不存在氧化还原峰,说明电极的容量几乎完全由双电层电容提供。正向和反向扫描过程中,CV 曲线良好的对称性说明电极过程具有良好的可逆性。同时,在实验电位范围内,随着扫描速度的增加,同一电位对应的电流也近乎成倍增加,说明电极具有良好的功率特性。

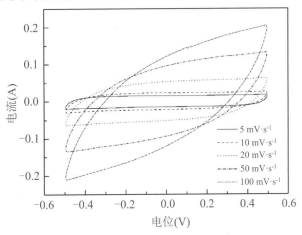

图 3.2　AC-1 电极循环伏安曲线

图 3.3 为四个样品在扫速为 $50\,mV \cdot s^{-1}$ 时的 CV 曲线。可以看出，各样品的 CV 曲线在高扫速下都保持了良好矩形特征，而且正向和反向扫描过程中响应电流具有良好的对称性。各样品的功率特性由好到差依次为 AC-4、AC-3、AC-2 和 AC-1。

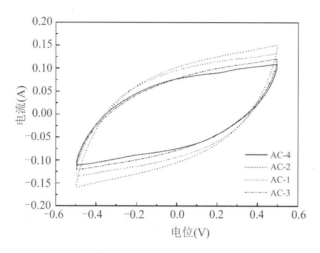

图 3.3　不同活性炭电极的 CV 曲线（扫速：$50\,mV \cdot s^{-1}$）

图 3.4 反映了活性炭样品的归一化比电容随电流密度的变化。可以看出，四个样品都具有很好的功率特性，电流密度由 $5\,mA \cdot cm^{-2}$ 增加到 $80\,mA \cdot cm^{-2}$ 时，其比电容都保持在 74% 以上，四个样品的功率特性的结果与图 3.3 是一致的。此外，样品 AC-3 和 AC-4 的功率特性接近；同时，样品 AC-1 和 AC-2 的功率特性也接近，但不如前两者的功率特性好。

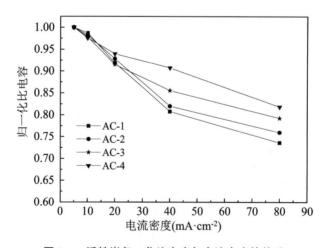

图 3.4　活性炭归一化比电容与电流密度的关系

图 3.5 为活性炭样品的孔径分布图。可以看出,样品 AC-1 和 AC-2 的分布曲线很相近,而样品 AC-3 和 AC-4 的分布曲线相近。这和图 3.4 中 AC-1 和 AC-2 的功率特性相近,AC-3 和 AC-4 的功率特性相近的结果是一致的。此外,图 3.5 还反映出 AC-1 和 AC-2 在 1 nm 以下的小尺寸微孔范围内具有较高的孔隙分布,而 AC-3 和 AC-4 在略小于 2 nm 的大尺寸微孔范围内具有较高的分布,同时 AC-3 和 AC-4 在略大于 2 nm 的小尺寸中孔范围内也有较高的分布,而小尺寸微孔不利于双电层的形成,特别是充放电电流密度大时。所以 AC-3 和 AC-4 的功率特性显著优于 AC-1 和 AC-2。

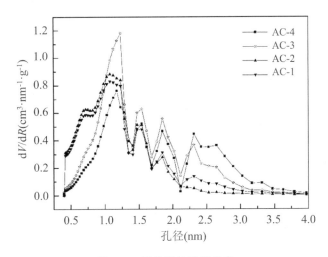

图 3.5　活性炭的孔径分布

四个样品中,AC-3 在保持比电容的同时,具有高功率特性,非常适合作为超级电容器的电极材料。图 3.6 为 AC-3 在电流密度为 10 mA·cm^{-2} 时的恒流充放电曲线。充放电曲线具有良好的线性特征和良好的对称性。其他样品的充放电曲线也具有类似的特征。

综合本部分的研究,可以得到以下结论:

(1) 合理选择前驱体和优化工艺条件,采用传统方法可以制备高表面积活性炭,部分活性炭可以获得高达 307 F·g^{-1} 的比电容。

(2) 超级电容器用活性炭的比电容主要来自微孔的贡献,中孔由于比表面积小,而且单位面积容量低,对比电容的贡献较小。

(3) 为了获得高比电容和高功率密度,超级电容器用活性炭应具有尽可能多的大孔径微孔和适当数量的外孔。

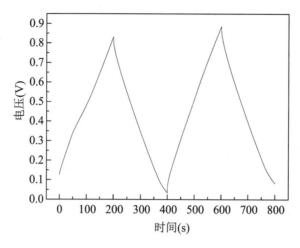

图 3.6　AC-3 的恒流充放电曲线（电流密度：10 mA・cm⁻²）

3.3　过氧化氢氧化改性石油焦基活性炭研究

前已述及，石油焦（petroleum coke，PC）是制备高比表面积活性炭的理想前驱体，而且 KOH 是 PC 基 AC 制备的最合适的活化剂。PC 基 AC 研制的一个重要方向是降低 KOH 的使用量。已有研究主要集中优化炭化和活化条件（如时间和温度等）来提升活化效率[106-108]，但在降低 KOH 消耗量方面的成效均不显著。本研究通过对 PC 进行 H_2O_2 氧化处理，改变 PC 内石墨微晶结构，降低活化难度，来减少活化过程中 KOH 的消耗量，并探讨了改性前后活性炭的孔隙性和电化学性能。

3.3.1　石油焦 H_2O_2 氧化改性

首先将 PC 破碎，筛分出粒度为 120~160 μm 的 PC 粉末，100 ℃ 干燥 12 h 备用。称取一定量的 PC 粉末，按照 $m(H_2O_2)/m(PC)=10:1$ 的比例往 PC 中加入质量分数为 25% 的 H_2O_2，然后一并倒入高压反应釜中于 80 ℃ 反应 8 h，将产物抽滤，反复冲洗至中性，得到氧化 OPC（oxidized petroleum coke，OPC）。

3.3.2　过氧化氢氧化石油焦基 AC 制备

将 KOH 与 OPC 按照碱炭比 $m(\text{KOH})/m(\text{OPC})＝3:1$ 的比例混合,将混合物放入坩埚炉内,在氮气保护下以 20 ℃ · min^{-1} 的速度升温到 400 ℃,保温炭化 1 h,然后以相同的速度升温到 800 ℃,保温活化 2 h,将产物用 HCl 水溶液煮沸 5 min,用去离子水反复清洗至中性,120 ℃干燥 12 h,产物标记为 OAC-3。作为对比,采用相同的实验条件,将 KOH 和石油焦按照碱炭比为 3:1、4:1 和 5:1 的比例制备活性炭,产物分别标记为 AC-3、AC-4 和 AC-5。

3.3.3　材料结构和性能表征

1. XRD 表征

图 3.7 为 OPC 和 PC 的 XRD 图谱,可以看出,在大约 $2\theta＝25°$ 处二者均出现了明显的衍射峰,而且与 PC 相比,OPC 的衍射峰向小角度方向发生细微移动,而且衍射峰明显宽化,说明 H_2O_2 氧化改性使 PC 石墨微晶层间距增大,同时微晶厚度减小。石油焦石墨微晶层间距 d_{002}、石墨微晶厚度 L_c 采用 Bragg-Scherer 方程计算。石墨微晶中碳原子层数 N 利用以下公式计算:

$$N=\frac{L_c}{d_{002}}+1 \qquad (3.4)$$

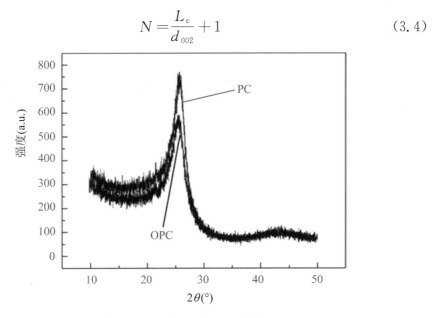

图 3.7　OPC 和 PC 的 XRD 图谱

表 3.2 为 OPC 和 PC 石墨微晶的结构参数。通过氧化处理，PC 的晶面间距 d_{002} 由 0.344 nm 增大到 0.351 nm，微晶厚度 L_c 由 2.34 nm 减小到 1.86 nm，微晶碳原子层 N 由 8 层减小到 6 层。石墨微晶层间距的增大、微晶尺寸和碳原子层数的减小使石油焦活化难度降低，更有利于促进 KOH 对 PC 的活化，提高活化效率。

表 3.2　OPC 和 PC 的石墨微晶结构参数

样品	d_{002} (nm)	L_c (nm)	N
PC	0.344	2.34	8
OPC	0.351	1.86	6

碘吸附法是表征多孔材料比表面积快速有效的方法，碘吸附值与多孔材料的比表面积具有良好的正相关性。[109]碘吸附法测试得到，AC-3、AC-4、AC-5 和 OAC-3 的碘吸附值分别为 2270 mg·g^{-1}、2604 mg·g^{-1}、2910 mg·g^{-1} 和 2775 mg·g^{-1}。可以看出，对 PC 基 AC 而言，随着碱炭比的增加，活性炭的碘吸附值逐渐增大，因此高比表面石油焦基活性炭的获得意味着高 KOH 使用量，不仅成本高，而且环境污染大，设备腐蚀严重。石油焦经过改性处理，OAC-3 的碘吸附值不仅远高于 AC-3，而且明显高于 AC-4。说明石油焦改性处理能有效降低后续活化中 KOH 的消耗量。

表 3.3 为 OAC-3 与 AC-4 的孔隙参数。由微孔比表面积占 BET 比表面积的比例（S_{micro}/S_{BET}）和微孔孔容占总孔容的比例（V_{micro}/V_t）的值可知，两种活性炭均为典型的微孔炭，而且两种活性炭的比表面积都很高。但是，与 AC-4 相比，OAC-3 具有更大的比表面积，这与碘值测试结果一致。另外，OAC-3 的孔容也更大。这说明氧化改性大幅度地降低了 PC 的活化难度，在 KOH 使用量减少 25% 的情况下，还获得了更高的比表面积和孔容。此外，OAC-3 的 S_{micro}/S_{BET} 和 V_{micro}/V_t 均比 AC-4 低，同时 OAC-3 具有更大的平均孔径，这说明 OAC 具有更高的中孔含量，这对提高功率特性非常有利，而高功率特性是超级电容器区别于电池的重要特性。

表 3.3　OAC-3 和 AC-4 的孔隙参数

样品	V_t (cm³·g⁻¹)	V_{micro}/V_t (%)	S_{BET} (m²·g⁻¹)	S_{micro}/S_{BET} (%)	D_{aver} (nm)
AC-4	1.44	82.49	2929	89.26	1.94
OAC-3	1.58	75.32	3066	85.53	2.08

图 3.8 为 OAC-3 和 AC-4 的孔径曲线。可以看出,二者具有相似的孔径分布,尤其是在微孔范围内。在微孔范围内,OAC-3 分布峰相比于 AC-4 向大孔径方向发生了细微移动,具有更多大孔径微孔。在 2~4 nm 范围内,OAC-3 的分布曲线基本都位于 AC-4 曲线上方,具有更多的小孔径中孔。AC-4 在 4 nm以上基本没有孔,而 OAC-3 在 4~5.5 nm 之间还存在一定的孔隙分布。在整个孔隙分布范围内,OAC-3 除了具有更大的孔容外,还有更大的平均孔径。计算得到 AC-4 和 OAC-3 的平均孔径分别为 2.08 nm 和 1.94 nm,OAC-3 更大的平均孔径,有利于获得更好的功率特性。

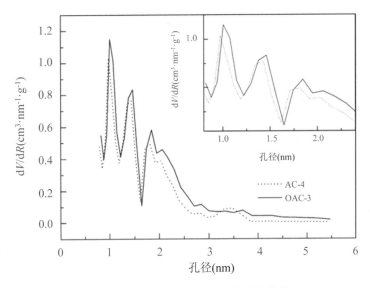

图 3.8　OAC-3 和 AC-4 的孔径分布曲线

图 3.9 为 OAC-3 和 AC-4 电极在电流密度为 0.2 A·g⁻¹ 时的充放电曲线。两个电极的充放电曲线都具有良好的线性特征,适合作为超级电容器电极使用。实验测得 OAC-3 和 AC-4 电极的质量分别 10.1 mg 和 10.2 mg,两个电极质量相当,在相同的充放电电压范围内 OAC-3 电极的充放电时间均大于

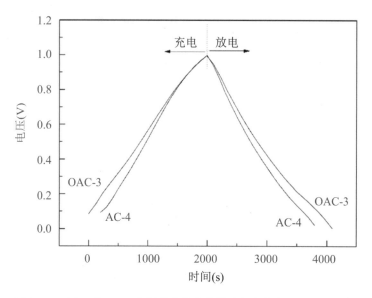

图 3.9　OAC-3 和 AC-4 电极的充放电曲线（电流密度：0.2 A·g⁻¹）

AC-4 电极，说明 OAC-3 具有更大的比电容。计算得到，在 0.2 A·g⁻¹ 的电流密度下，OAC-3 和 AC-4 的质量比电容分别为 374.6 F·g⁻¹ 和 338.9 F·g⁻¹。OAC-3 的质量比电容比 AC-4 高 10.53%，而 OAC-3 比 AC-4 的比表面积高 4.67%，这说明 OAC-3 比 AC-4 具有更高的比表面积利用率，这主要源于 OAC-3 具有更大的平均孔径。另外，在放电开始瞬间两个电极均无明显的电压降，说明电极的内阻很低。计算得到 OAC-3 和 AC-4 电极的内阻分别为 0.47 Ω 和 0.61 Ω。OAC-3 电极更低的内阻源于其更大的平均孔径，因为大孔径有利于电解质离子的传输。

　　图 3.10 给出了 OAC-3 和 AC-4 的归一化比电容与电流密度的关系。两种活性炭的比电容均随充放电电流密度增加而下降。当电流密度由 0.2 A·g⁻¹ 增大到 4 A·g⁻¹，电流密度增大 20 倍时，OAC-3 和 AC-4 的比电容衰减率分别为 28.8% 和 33.8%，体现出良好的功率特性。原因在于尽管两种活性炭都是微孔炭，微孔比表面积和微孔孔容所占比例都较高，但是二者的平均孔径都较大，均在 2 nm 左右，而大平均孔径有利于获得高功率密度。而且由于 OAC-3 的平均孔径比 AC-4 大，所以在各实验电流密度下，其容量保持率均比 AC-4 高。

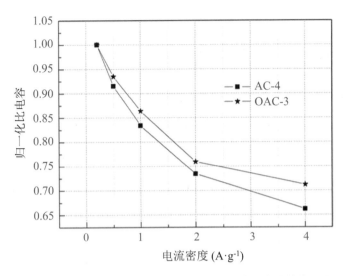

图 3.10　OAC-3 和 AC-4 的归一化比电容与电流密度的关系图

综合本部分的研究,可以给出以下结论:

(1) 使用 H_2O_2 对石油焦进行氧化改性,显著改变了石油焦的微晶结构,降低了活化难度,提高了活化效率,从而大幅度地减少了石油焦活化过程中 KOH 的使用量。

(2) H_2O_2 氧化使石油焦石墨微晶的晶面层间距由 0.344 nm 增加到 0.351 nm,微晶厚度由 2.34 nm 降低到 1.86 nm。

(3) 在相同实验条件下,改性石油焦在碱炭比为 3∶1 时制备的活性炭(OAC-3)的比表面积达到 3066 $m^2 \cdot g^{-1}$,比电容达到 374.6 $F \cdot g^{-1}$,均高于未改性石油焦在碱炭比为 4∶1 时制备活性炭(AC-4)的比表面积(2929 $m^2 \cdot g^{-1}$)和比电容(338.9 $F \cdot g^{-1}$),而且基于 OAC-3 的超级电容器具有更好的功率特性和更低的内阻。

3.4　高氯酸氧化改性石油焦基活性炭研究

上一节通过 H_2O_2 氧化预处理,改变石油焦的微晶结构,降低石油焦的活化难度,并取得了显著的效果。本节探讨以高氯酸对石油焦进行氧化预处理,改变石油焦的结构,并研究氧化处理对后续活化和活性炭性能的影响。

3.4.1 石油焦高氯酸氧化预处理

将 PC 破碎,筛分出粒度为 $120\sim160\ \mu m$ 的 PC 粉末,100 ℃干燥 12 h 备用。称取 10 g PC 粉末加入 100 mL 浓度为 40%(质量分数)的 $HClO_4$ 溶液。将混合物转移到水热反应釜于 70 ℃加热 7 h,将产物抽滤,反复冲洗至中性,接着于 120 ℃干燥 12 h,得到高氯酸氧化石油焦(perchloric acid oxidized petroleum coke,POPC)。

3.4.2 高氯酸氧化石油焦基 AC 的制备

将 KOH 与 POPC 按照碱炭比 $m(KOH):m(POPC)=3:1$ 的比例混合均匀,将混合物放入镍坩埚,并放入坩埚电阻炉内,于 100 mL·min^{-1} 的氮气流保护下,以 20 ℃·min^{-1} 的速度升温到 400 ℃,保温 90 min,然后以相同的速率升温到 800 ℃,保温活化 2 h,将产物依次用 HCl 水溶液和去离子水冲洗至中性,并于 120 ℃干燥 12 h,产物标记为 POAC-3。作为对比,采用相同的实验条件,将 KOH 和石油焦按照碱炭比为 3:1 和 4:1 的比例制备 PC 基活性炭,产物分别标记为 AC-3 和 AC-4。

3.4.3 材料结构和性能表征

如图 3.11 所示,PC 和 POPC 在 $2\theta=25°$ 附近都出现了明显的衍射峰,对应于石墨微晶的(002)衍射。和 PC 相比,POPC 的衍射峰强度更低,半峰宽更大,说明高氯酸氧化处理破坏了石墨微晶的结构。从表 3.4 可以看出,通过高氯酸氧化处理,PC 的石墨微晶层间距 d_{002} 由 0.344 nm 扩展到 0.353 nm,比采用 H_2O_2 氧化扩大得更多。同时,石墨微晶厚度 L_c 由 2.34 nm 减小到 1.75 nm,比 H_2O_2 氧化后的微晶厚度更小。石墨微晶碳原子层数也由 8 层减小到 6 层。层间距增大有利于后续活化过程中 K^+ 的插层过程,而且石墨微晶尺寸的减小也有利于后续活化的进行。

如图 3.12 所示,所有活性炭的吸/脱附等温线均为 I 型和 IV 型等温线的结合,并存在明显的滞后环。相比于 AC-3 和 AC-4,POAC-3 中存在更多的中孔。

在各压力点,POAC-3 的吸附量显著高于 AC-3 和 AC-4,说明 POAC-3 具有明显更大的孔容。

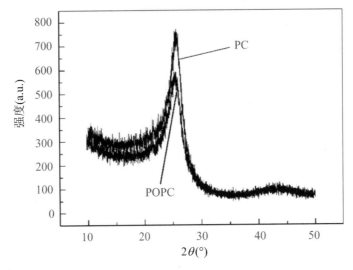

图 3.11　PC 和 POPC 的 XRD 图谱

表 3.4　PC 和 POPC 的石墨微晶参数

样品	d_{002}(nm)	L_c(nm)	N
PC	0.344	2.34	8
POPC	0.353	1.75	6

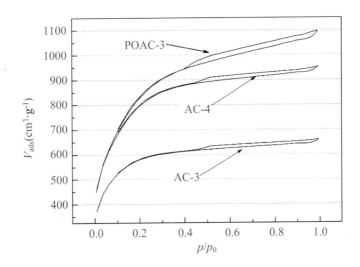

图 3.12　活性炭的吸/脱附等温线

　　表 3.5 给出了本节所制备各种活性炭和上节研制的 OAC-3 的孔隙参数。可以看出,对于未处理的石油焦,碱炭比由 3∶1 增加到 4∶1,对应活性炭的孔容增加了 23.1%,同时比表面积增加了 32.2%,说明 KOH 用量的增加使活化变得更为充分。但是,其微孔孔容占总孔容的比例、微孔比表面积占 BET 比表面积比例以及平均孔径的值都相近,说明二者具有相似的孔分布。但是,相比于 AC-4,POAC 明显具有更高的孔容和更高的比表面积,说明 POAC-3 比 AC-4 活化更充分。同时,POAC-3 的微孔比表面积占比,微孔孔容占比都更低,说明 POAC-3 比 AC-4 具有更多的中孔。另外,POAC-3 的平均孔径也显著大于 AC-4。说明高氯酸氧化处理,不仅能有效提高活化效率,增大比表面积,而且还能增大活性炭的平均孔径。

　　虽然二者的比表面积相近,但是,相比于 OAC-3,POAC-3 具有更大的孔容,更高的外比表面积含量和更大的平均孔径。说明在石油焦预处理方面,高氯酸具有更高的氧化效率。

表 3.5　活性炭的孔隙参数

样品	V_t (cm$^3 \cdot$ g^{-1})	V_{micro}/V_t (%)	S_{BET} (m$^2 \cdot$ g^{-1})	S_{micro}/S_{BET} (%)	D_{aver} (nm)
AC-3	1.17	81.31	2216	88.69	1.92
AC-4	1.44	82.49	2929	89.26	1.94
POAC-3	1.64	68.22	3058	80.54	2.15
OAC-3	1.58	75.32	3066	85.53	2.08

　　图 3.13 为 AC-4 和 POAC-3 电极在 6 mol $\cdot$ L^{-1} 的 KOH 水溶液中,扫速为 0.5 mV $\cdot$ s^{-1} 时的循环伏安曲线。可以看出,两个电极的 CV 曲线均表现为典型的类矩形特征,没有明显的氧化还原峰,说明其电容主要来源于双电层电容的贡献。根据循环伏安曲线的计算结果,POAC-3 和 AC-4 的比电容分别为 392.7 F $\cdot$ g^{-1} 和 361.3 F $\cdot$ g^{-1}。这说明高氯酸氧化不仅有效降低了 KOH 的使用量,而且显著提高了活性炭的比电容。相比于 AC-4,POAC-3 在电位反向瞬间响应电流更快地达到了平衡值,说明其具有更好的功率特性,这主要源于 POAC-3 具有更大的平均孔径,有利于电解质离子的传输。

　　图 3.14 为 POAC-3 电极在 0.5～8 mV $\cdot$ s^{-1} 扫速下的循环伏安曲线。可

以看出,随着扫速的增加 CV 曲线逐渐偏离矩形,但是依旧保持类矩形特征,说明 POAC-3 为理想的超级电容器电极材料,而且随着扫速的增加,响应电流几乎线性增大,表现出良好的功率特性。

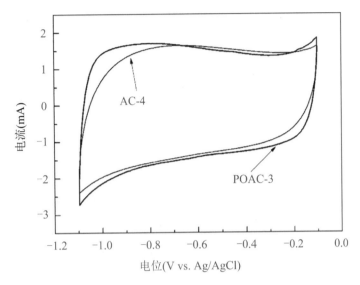

图 3.13　AC-4 和 POAC-3 电极的循环伏安曲线(扫速: 0.5 mV · s⁻¹)

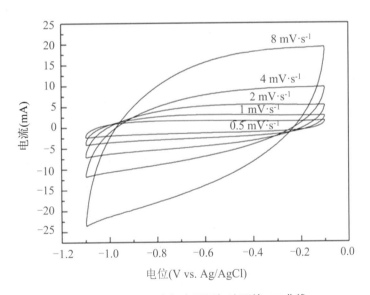

图 3.14　POAC-3 电极在不同扫速下的 CV 曲线

如图 3.15 所示,在实验扫描速度范围内,POAC-3 的比电容均高于 AC-4。随着扫速增加,AC-4 和 POAC-3 的比电容均缓慢下降,但是 POAC-3 的下降速度更慢。当扫速从 0.5 mV · s⁻¹ 增加到 8 mV · s⁻¹ 时,AC-4 和 POAC-3 的比电容保持率分别为 66.1％和 71.2％,说明 POAC-3 具有更好的功率特性,这与 CV 测试结果一致。原因在于 POAC-3 具有更多的中孔和更大的平均孔径。

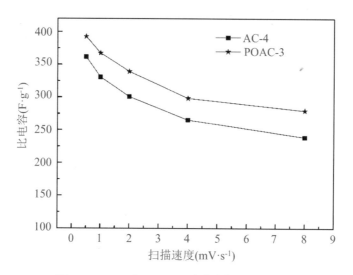

图 3.15　AC-4 和 POAC-3 比电容与扫速的关系

关于上述内容得出以下结论:

(1) 高氯酸氧化显著改变了石油焦内部石墨微晶的结构,将石墨微晶层间距从 0.344 nm 扩大到 0.353 nm,并将石墨微晶厚度从 2.34 nm 减小到 1.75 nm。

(2) 硝酸氧化改性显著降低了石油焦的活化难度,减小了石油焦活化过程中 KOH 的需求量。在碱炭比为 3∶1 时,基于氧化石油焦的活性炭其比表面积达到 3058 $m^2 \cdot g^{-1}$,比电容为 392.7 $F \cdot g^{-1}$。而在碱炭比为 4∶1 时,基于非氧化石油焦的活性炭的比表面积和比电容分别为 2929 $m^2 \cdot g^{-1}$ 和 361.3 $F \cdot g^{-1}$。

(3) 在石油焦氧化改性方面,高氯酸具有比过氧化氢更好的效果。

3.5　硝酸膨化改性石油焦基活性炭研究

前面两节通过过氧化氢和高氯酸氧化都显著地改变了石油焦内石墨微晶的结构,降低了石墨的活化难度,而且高氯酸氧化改性具有更好的效果。本节采用硝酸膨化的方法来改变石油焦石墨微晶结构,并探讨其对石油焦活化的影响。

3.5.1 石油焦硝酸膨化改性

将石油焦破碎,筛分出粒度为 120～160 μm 的 PC 粉末,干燥,并在氮气保护下,于 300 ℃保温 1 h 进行预处理。按质量比为 3∶1 的比例将 50%(质量分数)的 HNO_3 和 70%(质量分数)的 H_2SO_4 混合,混酸质量为 30 g。称取 0.5 g $KMnO_4$ 加入去离子水充分溶解,将 $KMnO_4$ 水溶液加入混酸溶液中形成混合液。称取 10 g PC 加入到混合液中,搅拌反应 2 h。清洗,50 ℃真空干燥 24 h,得到氧化石油焦(oxidized petroleum coke,OPC)。将 OPC 倒入带盖的坩埚内,放入预先升温到 200 ℃的电炉内,氮气保护下膨化处理 5 min,得到膨化石油焦(expanded petroleum coke,EPC)。

3.5.2 硝酸膨化石油焦基 AC 制备

将 KOH 与 EPC 按照碱炭比(质量比)为 3∶1、4∶1 和 5∶1 混合,将混合物放入坩埚炉内,在氮气保护下以 20 ℃·min^{-1} 的速度升温到 400 ℃,保温炭化 1 h,然后以相同的速度升温到 800 ℃,保温活化 2 h,将产物用 HCl 水溶液煮沸 5 min,用去离子水反复清洗至中性,120 ℃干燥 12 h,产物标记为 EAC-3、EAC-4 和 EAC-5。作为对比,将 KOH 和 PC 按照与上述相同比例混合,采用相同的实验条件制备活性炭,产物标记为 AC-3、AC-4 和 AC-5。

3.5.3 材料结构和性能表征

如图 3.16 所示,对于 PC,100 ℃以内的重量损失主要源于水分的挥发;200～800 ℃很宽的温度范围内均存在重量损失,主要是石油焦中有机物质的挥发和分解;DTG 峰值出现在 460 ℃左右,整个热重实验中 PC 的重量损失约为 16%。对于 OPC,100 ℃以内也存在与水分挥发相对应的重量损失;同时,在 100～250 ℃间存在明显的重量损失;此外,在 300～600 ℃间 OPC 比 PC 的重量损失更大,这主要是由未清洗干净的过量反应物和反应产物的分解导致的,热重测试中 OPC 的总重量损失约为 22%。OPC 在 100～250 ℃间的重量

损失主要是由 HNO₃ 的分解导致的。石油焦氧化改性过程中,酸性条件下,
KMnO₄ 作为强氧化剂,使石油焦内石墨微晶边缘和层间被氧化,插层剂
(HNO₃ 分子、离子)在正负离子吸引力和层内外浓度梯度的作用下插入石墨层
间,形成石墨间化合物,在受热时发生分解使层间距扩大。

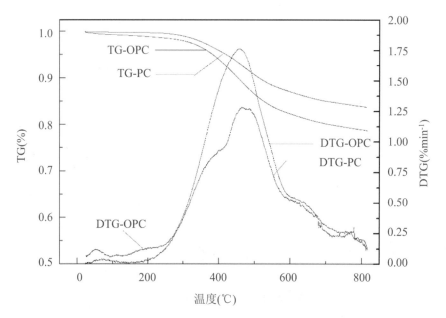

图 3.16　PC 和 OPC 的热重分析曲线

　　XRD 测试表明,PC 和 EPC 在大约 $2\theta=25°$ 处均出现了明显的衍射峰,但
是与 PC 相比,EPC 的衍射峰向小角度方向移动,同时衍射峰明显宽化,说明膨
化处理使石油焦石墨微晶层间距增大,同时微晶厚度减小。这是因为氧化处理
使插层剂插入到石墨层间,膨化处理时插层剂因突然受热,瞬间汽化,使石墨层
间距膨胀扩大。表 3.6 为 PC 和改性 PC 的石墨微晶结构参数。通过膨化处
理,晶面间距 d_{002} 由 0.344 nm 增大到 0.359 nm,微晶厚度 L_c 由 2.34 nm 减小
到 1.61 nm,微晶碳原子层由 8 层减小 5 层。石墨微晶层间距的增大、微晶尺寸
和碳原子层数的减小有利于降低石油焦活化难度,提高活化产物的比表面积和
比电容。而且与前两节的 OPC 及 POPC 相比,其 EPC 的微晶层间距增大更
多,微晶厚度更小,层数也更少,说明在改变石油焦微晶结构方面,膨化具有比
氧化更好的效果。

表 3.6　PC 和改性 PC 的石墨微晶结构参数

样品	d_{002}（nm）	L_c（nm）	N
PC	0.344	2.34	8
EPC	0.359	1.61	5
OPC	0.351	1.86	6
POPC	0.353	1.75	6

如表 3.7 所示，以 PC 为原料制备 AC 时，随着碱炭比的增加，AC 的碘吸附值 I_2 和比表面积 S_{BET} 都逐渐增大，AC 高比表面积的获得是以高 KOH 消耗量为代价的。PC 经过膨化处理，活化后得到 EAC-3 的 I_2 值和 S_{BET} 均显著大于 AC-3 和 AC-4，且略高于 AC-5，说明膨化处理能大幅度降低 PC 后续活化中 KOH 的消耗量。对于 EPC，当碱炭比大于 3∶1 以后，进一步提高碱炭比，尽管孔容值逐步增大，但是 I_2、S_{BET} 和微孔比表面积 S_{micro} 均迅速减小，从而将导致比电容快速下降。这主要是因为碱炭比大于 3∶1 以后，EPC 的中孔和大孔快速发展，平均孔径由 2.16 nm 迅速增加到 2.67 nm。后面的讨论重点比较 AC-5 和 EAC-3 的性能。AC-5 和 EAC-3 均为高比表面积活性炭，其比表面积均为 3300 m² · g⁻¹ 左右。同时，由 S_{micro}/S_{BET} 和 V_{micro}/V_t 可知，二者均为典型的微孔炭，但 EAC-3 的微孔含量更低，平均孔径更大，这有利于提高比表面利用率和功率特性。

表 3.7　ACs 和 EACs 的孔隙参数

样品	I_2 (mg · g⁻¹)	V_t (cm³ · g⁻¹)	V_{micro}/V_t (%)	S_{BET} (m² · g⁻¹)	S_{micro}/S_{BET} (%)	D_{aver} (nm)
AC-3	2270	1.17	81.31	2216	88.69	1.92
AC-4	2604	1.44	82.49	2929	89.26	1.94
AC-5	2910	1.71	71.93	3291	84.05	2.08
EAC-3	2923	1.76	68.75	3325	82.14	2.16
EAC-4	2747	1.87	51.43	3054	63.88	2.39
EAC-5	2345	2.04	25.88	2632	32.99	2.67

图 3.17 为 AC-5 和 EAC-3 电极在扫速分别为 0.5 mV · s⁻¹、1 mV · s⁻¹ 和 2 mV · s⁻¹ 时的 CV 曲线。两个电极的循环伏安曲线在不同扫描速度时均保

持了良好的矩形特征,不存在明显的氧化还原峰,说明电荷存储主要基于电极/电解液界面的双电层。电位扫描方向改变瞬间,两个电极的响应电流都存在不同程度的延迟,但 EAC-3 电极的延迟明显更小,说明 EAC-3 具有更多大孔径孔隙,更有利于电解质离子在活性炭孔隙中的迁移,这与平均孔径的测量结果一致。计算得到,在扫描速度为 0.5 mV · s^{-1} 时,EAC-3 和 AC-5 的比电容分别为 448 F · g^{-1} 和 429 F · g^{-1}。文献[110]制备的 PC 活性炭 S_{BET} 最高达到 3886 m^2 · g^{-1},但平均孔径仅为 0.6 nm,致使其比电容为 361.5 F · g^{-1},低于本研究中 EAC-3 和 AC-5 的比电容。这是因为其平均孔径太小,导致比表面积利用率低。

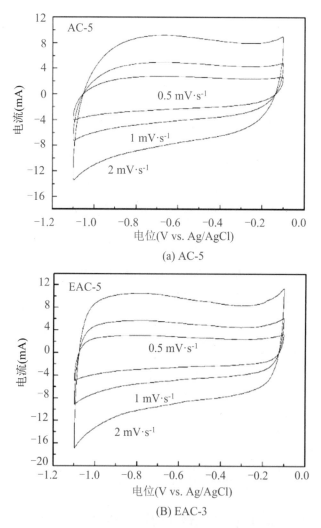

(a) AC-5

(B) EAC-3

图 3.17　AC-5 和 EAC-3 电极在不同扫描速度下的 CV 曲线

由图 3.18 可以看出,扫描速度由 $0.5\,mV \cdot s^{-1}$ 增大到 $20\,mV \cdot s^{-1}$,扫描速度增大 40 倍,EAC-3 和 AC-5 的比电容衰减幅度分别为 26.6% 和 30.7%,功率特性良好。这是因为尽管两种活性炭都是微孔炭,微孔比表面积和微孔孔容所占比例都较高,但是二者的平均孔径都较大,均在 2 nm 以上,而大平均孔径有利于获得高功率密度。另外,由于 EAC-3 的外比表面积和平均孔径均比 AC-5 大,所以在各实验扫描速度下,其比电容保持率均比 AC-5 高。

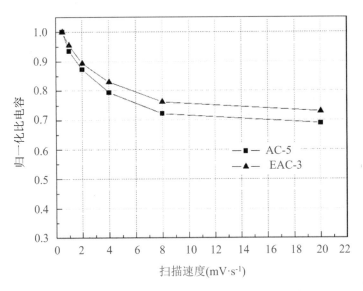

图 3.18　EAC-3 和 AC-5 电极的归一化比容与扫速的关系

由交流阻抗谱(图 3.19)可以看出,两个电极的 Nyquist 曲线在低频区均为垂直于横轴的直线,表明电极呈现出明显的双电层特征。中频区斜线为 Warburg 阻抗,类似于圆筒形孔电极的阻抗特征,与电荷扩散过程有关。图中两个电极中频区的斜线都不长,表示浓差极化不明显。这是因为 EAC-3 和 AC-5 的平均孔径都较大,离子快速扩散阻力小。高频区的半圆弧表示电极/电解液界面的电荷转移电阻,由图 3.19 得到 EAC-3 和 AC-5 电极的电荷转移电阻分别近似为 $0.6\,\Omega$ 和 $1.3\,\Omega$。

综合本部分的研究,可以得出以下结论:

(1) 硝酸膨化改性显著地改变了石油焦内部石墨微晶的结构,使其层间距由 0.344 nm 增加到 0.359 nm,同时石墨微晶尺寸由 2.34 nm 减小到 1.61 nm。硝酸膨化改性对石油焦结构的改变效果优于过氧化氢氧化和高氯酸氧化。

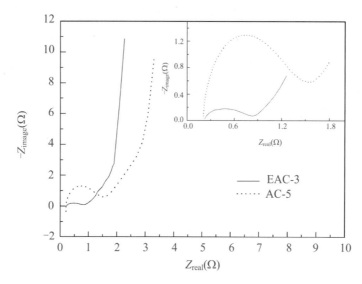

图 3.19　EAC-3 和 AC-5 电极的交流阻抗谱

（2）硝酸膨化改性降低石油焦活化难度，大幅度降低了活化中 KOH 的使用量。在碱炭比为 3∶1 时，膨化石油焦基活性炭达到 3325 $m^2 \cdot g^{-1}$ 的比表面积，在 $0.5\,mV \cdot s^{-1}$ 的扫描速度下，其比电容达到 $448\,F \cdot g^{-1}$，比表面积、比电容和功率特性等性能均优于非膨化石油焦在碱炭比为 5∶1 时制备的活性炭。

第4章　椰壳基层级多孔碳的绿色制备研究

4.1　引　　言

石油焦作为原油蒸馏、裂解的产物,是一种不可再生资源,其数量和可获得性依赖于原油的可开采量。而且大量使用石油焦制备活性炭必然导致石墨、冶炼和化工等工业所需石油焦的供应短缺。

作为一种常见的果壳类生物废弃物,椰壳(coconut shell,CS)不仅来源广泛、成本低廉、可持续获得,而且碳含量高、灰分低,加上其独特的天然结构,非常有利于制备优质层级多孔碳。[111-114]

本章首先以 KOH 为活化剂,制备椰壳基 AC,研究并优化其碳化和活化工艺。在此基础上,对椰壳进行不同次数的冷冻预处理,研究冷冻预处理对提高 KOH 活化效率的作用。

4.2　高性能椰壳基 AC 的研制

4.2.1　椰壳基活性炭制备方法

基于与石油焦活化类似的原因,本章椰壳基 AC 制备也使用 KOH 作为活化剂。以椰壳为前驱体制备 AC 包括碳化和活化两个过程,具体工艺流程如

图 4.1 所示,其中圆角方框为原料或产物,直角方框为制备工艺。

椰壳碳化过程为:先将椰壳去除残余果肉、泥土,然后充分干燥并破碎。将破碎的椰壳片装入不锈钢坩埚,然后将坩埚放入井式炉中,在 N_2 保护下,以一定的升温速率将电炉温度升温至碳化温度,保温碳化一定时间,然后自然降温至室温,将产物研磨成粉末,制得椰壳炭(coconut shell-based charcoal,CSC)。

椰壳炭活化过程为:将活化剂 KOH 与椰壳炭 CSC 按一定的质量比混合,装入镍坩埚并放入井式坩埚电炉中;在 N_2 保护下,以一定的升温速率从室温升温至活化温度,保温活化一定时间,待电炉冷却到室温后,先用去离子水将活化产物清洗至 pH 值接近中性,然后加入稀 HCl 煮沸,并再次清洗至 pH 值接近中性,放入鼓风干燥箱于 80 ℃初步干燥,研磨成粉末,再在真空干燥箱内于 110 ℃干燥 24 h,得到椰壳基活性炭(coconut shell-based activated carbon,CSAC)。

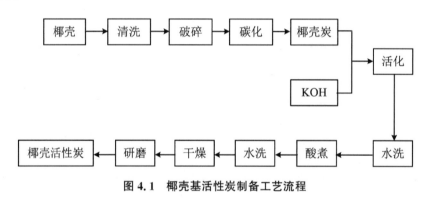

图 4.1 椰壳基活性炭制备工艺流程

4.2.2 椰壳炭表征

热重分析的目的是获得椰壳的最佳碳化温度。图 4.2 展示了椰壳热重分析过程中由于脱水和化合物分解导致重量损失的过程。椰壳热重分析过程可以大致分为 3 个阶段。200 ℃以下大约产生了 10% 的质量损失,对应于椰壳的脱水过程。[115]最大的质量损失发生在 200~500 ℃之间,该质量损失约为椰壳总质量的 40%,这包括 225~325 ℃之间半纤维素的分解,300~375 ℃之间纤维素的分解和 250~500 ℃之间木质素的分解。[114,116-118]

基于上述 TG 分析结果,参照相关研究,确定椰壳碳化实验参数如下:升温速率为 20 ℃·min^{-1},碳化温度为 500 ℃,碳化时间为 2 h。

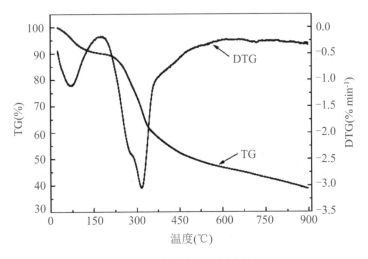

图 4.2　椰壳热重分析曲线

由图 4.3(a)可以看出,在低放大倍数下,CSC 由各种形状和尺寸的炭颗粒堆积而成,表面可以看到明显的大孔。在高放大倍数下,可以看到大量窄孔径的裂隙均匀地分布在 CSC 颗粒的外表面和大孔的内表面。这些裂隙对后续活化过程中 KOH 渗透入 CSC 内部,实现 CSC 的充分活化非常重要。由 XRD 图谱(图 4.3(b))可以看出,CSC 在大约 23°和 42°附近各出现了一个宽衍射峰,分别对应于乱层碳的(002)衍射和石墨碳的(100)衍射,说明 CSC 为无定型结构。[119-120]但是与上一章石油焦 25°左右的(002)峰相比,CSC 的(002)峰朝小角度方向发生了偏移,说明其石墨化程度很低。

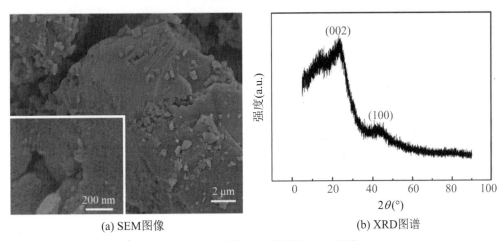

(a) SEM图像　　　　　　　　　　(b) XRD图谱

图 4.3　椰壳炭的 SEM 图像和 XRD 图谱

由图 4.4(a)可以看出,CSC 的吸/脱附等温线在相对压力为 0.05 之前,其吸附量随压力快速增加,说明其存在大量微孔。在 0.05~1.0 的压力范围内,其吸附量依然持续增长,说明存在一定数量的外孔。另外,吸/脱附等温线存在明显的洄滞环也说明了外孔的存在。孔径分布表明,CSC 的孔径主要分布在 1.0~4.0 nm 的范围内,存在两个分布峰,分别为 1.4 nm 左右的大分布峰和 1.9 nm 左右的小分布峰。孔隙性参数(表 4.1)表明,椰壳经过碳化,达到了较高的比表面积,而且微孔比表面积占 BET 比表面积比例以及微孔孔容占总孔容的比例都较大,是典型的微孔炭。同时因为大量外孔的存在,外孔孔容占比为 46.4%,使得 CSC 具有较大的平均孔径,为 2.32 nm。

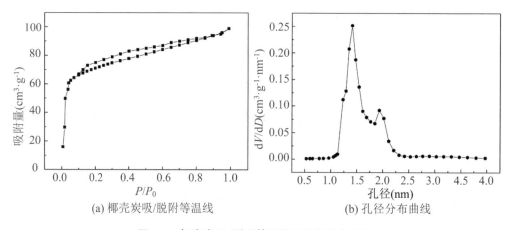

(a) 椰壳炭吸/脱附等温线　　　　　(b) 孔径分布曲线

图 4.4　椰壳炭吸/脱附等温线和孔径分布曲线

表 4.1　椰壳炭的孔隙参数

样品	V_t (cm³ · g⁻¹)	V_{micro}/V_t (%)	S_{BET} (m² · g⁻¹)	S_{micro}/S_{BET} (%)	D_{aver} (nm)
CSC	0.153	53.6	263	74.5	2.32

4.2.3　椰壳基活性炭制备参数优化与表征

1. 活化温度优化

为了获得最佳活化温度,分别将碱炭比设计为 2、3 和 4,活化时间设置为 3 h,在 650 ℃、700 ℃、750 ℃和 800 ℃下对椰壳炭进行活化。鉴于 AC 的碘吸附值与其 BET 比表面积具有较好的正相关性,而且碘吸附值测试操作简单,测试速度快,可重复性好,本章以碘吸附值为参考进行制备工艺参数优化。

　　图 4.5 为不同碱炭比制备的椰壳基活性炭的碘吸附值与活化温度的关系。可以看出,在实验温度范围内,不同碱炭比制备的 AC 的碘吸附值与活化温度的关系具有相同的变化趋势,均表现为先减小后增加。也就是说,在不同碱炭比时,椰壳基活性炭的碘吸附值随温度变化遵循相同的规律。

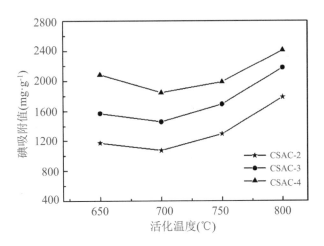

图 4.5　椰壳基活性炭碘吸附值与活化温度的关系

　　KOH 活化椰壳炭制备活性炭的机理如下:首先,在 $300\sim600\ ℃$,KOH 与碳化料中的含氢基团($=CH_2$ 或者 $\equiv CH$)发生反应,使碳材料上的 H 原子以 H_2 形式逸出,同时反应生成的 K_2CO_3 和 K_2O 留在碳材料中,作为下一步反应的活性点。反应的方程式为

$$4KOH + =CH_2 \rightarrow K_2CO_3 + K_2O + 3H_2 \uparrow \qquad (4.1)$$

$$8KOH + 2 \equiv CH \rightarrow 2K_2CO_3 + 2K_2O + 5H_2 \uparrow \qquad (4.2)$$

　　温度达到 $600\ ℃$ 以上时,上面反应生成的 K_2CO_3 和 K_2O 作为活性点发生下面反应:

$$K_2O + C \rightarrow 2K + CO \uparrow \qquad (4.3)$$

$$K_2CO_3 + C \rightarrow 2K + CO \uparrow \qquad (4.4)$$

反应过程消耗碳,并形成孔隙。

　　活化温度对造孔反应十分重要。由于椰壳质地坚硬,椰壳炭结构也比较致密,造孔活化反应需要较高的活化能,活化反应需要在较高的温度下才能发生;同时,活化反应从椰壳炭的外表面开始,在活化剂的作用下,逐渐向颗粒内部扩展。活化同时存在径向造孔和横向扩孔两个过程,而且不同温度下,协调好这

两个过程就可以制备孔径分布满足特定要求的 AC。由图 4.5 可以看出,各 AC 样品的碘吸附值在 700 ℃ 比 650 ℃ 低,可能是因为 700 ℃ 时发生横向扩孔较多,导致微孔比表面积占比下降。随着活化温度的进一步提高,碘吸附值逐步增大。综合考虑比表面积、比电容和制备过程电能消耗,特别是规模化生产的能耗,并参考其他研究者的工作,活化温度选择为 800 ℃ 较为合适。

2. 活化时间优化

在活化温度为 800 ℃ 时,分别采用 1 h、1.5 h、2 h 和 3 h 的活化时间,在碱炭比分别为 2、3 和 4 时,探讨了不同活化时间对活性炭碘吸附值的影响,实验结果如图 4.6 所示。在活化时间由为 1 h 变为 1.5 h 时,碘吸附值均变小。这是因为活化时间延长,活化程度增加,前期制造一些孔隙的孔壁崩塌,导致很多孔隙合并成更大尺寸的孔隙,使得吸附表面积下降,碘吸附值下降。进一步增加活化时间,活化剂在活性炭内部继续进行造孔,同时对部分微孔进行扩孔,此时活性炭的比表面积和孔容持续升高,碘吸附值持续增大。其中出现的一个特殊情况是 CSAC-2 在活化时间为 3 h 时的碘吸附值比 2 h 时的小,这是因为在碱炭比为 2 时,活化剂用量小,KOH 在较短时间内消耗完毕,继续活化,炉内存在的少量空气将使活性炭的部分孔隙合并而使比表面积下降。综合上述情况,在碱炭比为 3 以上时,活化时间选择为 3 h 最为合适。

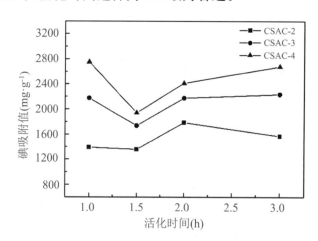

图 4.6 椰壳基活性炭碘吸附值与活化时间的关系

3. 碱炭比优化

根据前面的研究结果,在优化碱炭比时,选择活化温度为 800 ℃,活化时间为 3 h,碱炭比分别为 2、3、4、5 和 6,按照上面所述方法,制备椰壳基 AC,产物依次标记为 AC-x,其中 x 为碱炭比。

如图 4.7 所示,活性炭的碘吸附值随着碱炭比的增大呈现先增大后减小的规律,在碱炭比为 5 时,碘吸附值达到最大值(2857 mg·g^{-1})。此外,随着碱炭比的变化,不同阶段碘吸附值的变化速率是不相同的,说明不同碱炭比时,活化过程的造孔、扩孔的速度和比例遵循不同的规律。

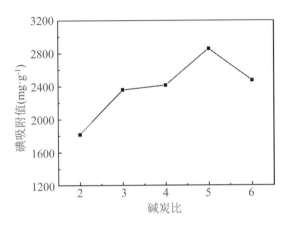

图 4.7　椰壳基 AC 的碘吸附值与碱炭比的关系

KOH 活化制备活性炭的过程中,活化反应并不是在碳化料表面均匀进行。如果活化反应在整个炭材料表面均匀进行,则活化只会从外到内逐渐烧蚀碳化料而不能形成孔隙,所以活化反应主要是 KOH 与"活性点碳"的反应。在碱炭比很低时,活化反应不充分,活化产生的孔隙较少,碘吸附值低。随着 KOH 用量的增大,碳的消耗量增大,形成的孔隙数目增多,活性炭的比表面积增加,碘吸附值逐步增大。但 KOH 用量达到一定值后,进一步增加 KOH 的用量导致KOH 过量时,过量的 KOH 将进一步与已形成的孔隙周围的碳反应,引起碳的过度烧蚀,甚至造成活性炭的部分骨架塌陷,导致活性炭的比表面积下降。

在碱炭比为 2~5 时,椰壳基活性炭的碘吸附值随碱炭比增加而增加,但是BET 比表面积与碱炭比的关系并不相同。随着碱炭比增加,BET 比表面积的变化规律是先上升,然后下降,再上升(图 4.8(a))。碱炭比为 3 时,比表面积最大。碱炭比为 2 时,活性炭比表面积较低,导致比电容也低。但 CSAC-2 的平均孔径较大。碱炭比从 2 增加到 3 时,比表面积增加幅度很大,增加了1114 m^2·g^{-1},但是其微孔比表面积含量比 CSAC-2 高,而且平均孔径也更小。碱炭比由 3 增加到 4 时,总孔容有一定幅度的提高,但微孔比表面积含量下降了 67%,而且平均孔径增加 0.66 nm,这说明该过程产生了大量的外孔,导致比表面积下降。但其外孔比表面积含量高,使其比表面积利用率高,从而获得了比 CSAC-3 更高的比电容。当碱炭比进一步提高到 5 时,比表面积、孔容和平均孔径均有不同幅度的提高,使得比电容有明显幅度的上升(表 4.2)。从归一化比电容与充放电电流密度关系(图 4.8(b))看,CSAC-5 具有最好的功率特性,电流密度增大 8 倍后,其比电容保持率维持在 92%;其次为 CSAC-4;功率特性最差的为 CSAC-3。这与孔隙性参数的结果是一致的。总之,CSAC-5 具有最大的外孔比表面积含量、最大的外孔孔容含量和最大的平均孔径,这些因素都有利于电解质离子在 AC 孔隙内的快速移动,从而有利于提高功率特性。而 CSAC-3 上述参数的值正好相反,因此具有最差的功率特性。综合上面的研究结果,确定最优的碱炭比为 5。

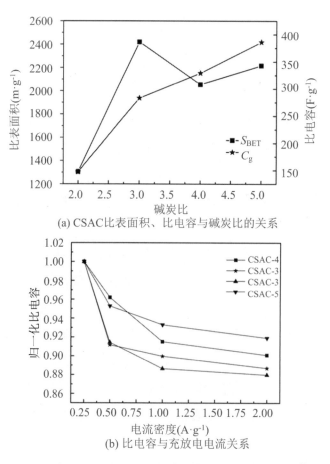

(a) CSAC比表面积、比电容与碱炭比的关系

(b) 比电容与充放电电流关系

图 4.8　CSAC 比表面积、比电容与碱炭比的关系和比电容与充放电电流关系

表 4.2 椰壳基活性炭的孔隙参数

样品	S_{BET} $(m^2 \cdot g^{-1})$	C_g $(F \cdot g^{-1})$	S_{micro}/S_{BET} (%)	V_t $(cm^3 \cdot g^{-1})$	V_{micro}/V_t (%)	D_{aver} (nm)
CSAC-2	1305	147	71	0.69	73	2.12
CSAC-3	2419	283	86	1.05	84	1.73
CSAC-4	2054	329	19	1.23	27	2.39
CSAC-5	2217	386	7.4	1.64	19	2.96

下面将从形貌、结构、孔隙性和电化学性能等方面对 CSAC-5 进行表征和分析。如图 4.9(a)所示,CSAC-5 在 25°和 42°左右分别出现了一个低强度的宽衍射峰,说明了其无定型结构的特征。而且与 CSC 的 23°左右的衍射峰相比,CSAC-5 的衍射峰向大角度发生偏移,说明与椰壳炭相比,椰壳基活性炭的石墨化程度有所提高。因为碳化在 500 ℃下进行,而活化 800 ℃下进行,更高的温度有利于提高材料的结晶度。[121]

图 4.9(b)为 CSAC-5 的 SEM 和高分辨率 TEM 图像。可以看到,CSAC-5 的表面有大量条纹状裂隙,孔隙尺寸小,但是分布密集而且非常均匀。在活性炭大孔隙的内表面,其孔隙分布也呈现类似特征。说明碱炭比为 5 时,椰壳炭得到充分均匀的活化。高分辨率透射电镜图像显示,CSAC-5 在小范围内存在石墨微晶结构,但整体上呈乱层结构,证明了其无定型结构特征,与 XRD 的结果一致。

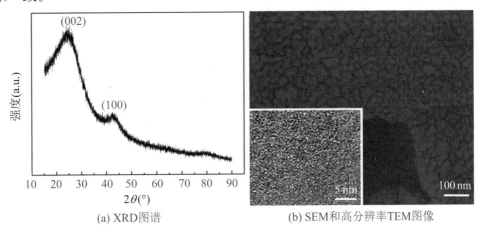

(a) XRD图谱 (b) SEM和高分辨率TEM图像

图 4.9 CSAC-5 的 XRD 图谱和 SEM 和高分辨率 TEM 图像

拉曼光谱经常用来表征碳材料的有序度和缺陷情况。通常,多晶石墨类碳的拉曼光谱存在两个宽峰,分别是 1355 cm^{-1} 左右的 D 峰和 1580 cm^{-1} 左右的 G 峰。D 峰和 G 峰分别表示的是 sp^3 和 sp^2 碳原子的伸缩振动。此外,D 峰和 G 峰的积分面积比(I_D/I_G)可以表征材料的无序度[122],I_D/I_G 值越大,无序化程度越高。图 4.10 为 CSAC-5 的拉曼光谱,其 D 峰和 G 峰分别位于 1369 cm^{-1} 和 1594 cm^{-1} 处,$I_D/I_G=1.06$,样品的无序化程度较高,与 XRD 的结果一致。

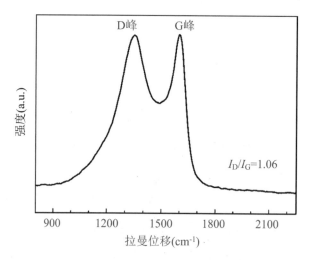

图 4.10　CSAC-5 的拉曼图谱

如图 4.11(a)所示,CSAC-5 的吸附等温线在相对压力为 0.01 之前急速上升,在相对压力为 0.01～0.4 之间,吸附量快速上升。在相对压力为 0.4 以后,吸附量增加较小。吸脱附曲线之间存在明显的滞后环。由孔径分布曲线(图 4.11(b))可以看出,CSAC-5 的孔径主要分布在 0～20 nm 之间。在 25～35 nm 的范围内也存在一定数量的分布。在 3 nm 处存在一个分布峰。这种孔径分布结构有利于电解质离子在孔隙中的迁移,从而提高功率特性。

由图 4.12(a)可以看出,CSAC-5 在负电位时的比电容高于其在正电位时的比电容,更适合作为负极材料使用。CV 曲线不太光滑,存在一定的波动,这是由测试之前电极浸泡不够充分并且前期预循环的次数少造成的。在扫描电位反向的瞬间,响应电流非常快,CV 曲线在端点电位处几乎直上直下,说明电极具有良好的功率特性,这与 CSAC-5 的大平均孔径密切相关。图 4.12(b)为不同扫速下的 CV 曲线。可以看出,不同扫速下,CV 曲线的形状相似,均保持了良好的矩形特征。在实验扫描速度范围内,随着扫速的增加,响应电流几乎线性增大,这也从另一方面证明其具有优异的功率特性。

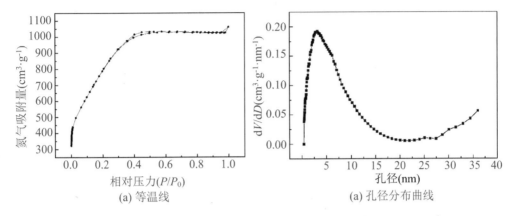

(a) 等温线　　　　　　　　(a) 孔径分布曲线

图 4.11　CSAC-5 吸/脱附等温线和孔径分布曲线

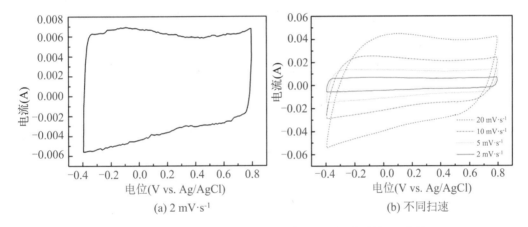

(a) 2 mV·s⁻¹　　　　　　　　(b) 不同扫速

图 4.12　CSAC-5 在扫速为 2 mV·s⁻¹ 和不同扫速时的 CV 曲线

　　由 GCD 曲线(图 4.13)可知,基于 CSAC-5 的电容器具有非常好的电容特性。充电曲线与放电曲线呈完美的三角对称关系,说明充放电过程可逆性好。此外,电压与时间之间几乎严格线性的关系,也证明了其优异的双电层特性。放电开始瞬间电压的突降是由电极的内阻造成的。电极的内阻的很低,因此电压降非常小。充放电过程中能利用的有效电压大,电容器能量存储密度高。

　　表 4.3 为不同生物质基活性炭的性能。可以看出,不同生物质基活性炭的比表面积差异很大,最低的只有 1122 m² · g⁻¹,最高的达到 3512 m² · g⁻¹。比电容为 84～360 F · g⁻¹,最高值为最低值的 4.28 倍。这说明生物质基活性炭无论孔隙性,还是电容特性均存在很大的差异。总体而言,椰壳基 AC 比表面

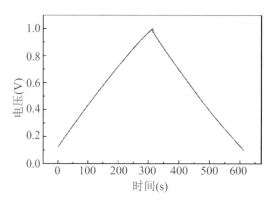

图 4.13　CSAC-5 在 1 A · g⁻¹ 时的恒流充放电曲线

积较高,而且比电容大。说明椰壳是制备超级电容器用 AC 的优质前驱体,这也是目前商用超级电容器 AC 绝大部分以椰壳为原料的一个重要原因。表中所列各椰壳 AC 中,尽管本研究所制备的 AC 的比表面积不是最高,但其比电容最大。这主要是因为本研究所制备的 AC 在具有高比表面积的同时,具有大平均孔径和合理的孔径分布,这提高了比表面积利用率,从而提高了比电容。

表 4.3　不同生物质基活性炭的性能

材料	比表面积 （$m^2 \cdot g^{-1}$）	电解质	比电容 （$F \cdot g^{-1}$）	测试电流 （$A \cdot g^{-1}$）	参考 文献
芒草	1816	6 mol · L⁻¹ KOH	203	0.05	[123]
废纸	2341	1 mol · L⁻¹ H₂SO₄	286	0.5	[124]
咖啡渣	2330	1 mol · L⁻¹ Na₂SO₄	84	1	[125]
荔枝壳	1122	6 mol · L⁻¹ KOH	220	0.1	[126]
豆粕	1175	3 mol · L⁻¹ KOH	330	0.5	[120]
花生麸	2565	3 mol · L⁻¹ KOH	188	0.04	[127]
椰子仁	1200	1 mol · L⁻¹ H₂SO₄	173	0.25	[128]
甘蔗渣	1788	1 mol · L⁻¹ H₂SO₄	300	0.25	[129]
椰壳	3512	6 mol · L⁻¹ KOH	325	0.1	[130]
椰壳	2440	0.5 mol · L⁻¹ H₂SO₄	246	0.5	[131]
椰壳	1874	6 mol · L⁻¹ KOH	268	1	[132]
CSAC-05	2217	0.5 mol · L⁻¹ Na₂SO₄	360	1	本研究

图 4.14(a)为 CSAC-5 的 Ragone 图。可以看出,随着功率密度的提高,能量密度的下降呈现先快后慢的特点。当功率密度从 600 W · kg⁻¹ 增大到 12000 W · kg⁻¹ 时,能量密度保持率为 85.2%,表现出优异的功率特性。由

图 4.14(b)可以看出,除个别取样点存在一定的波动外,整个测试过程中,CSAC-5 的比电容保持了很高的稳定性,电容器循环寿命长。

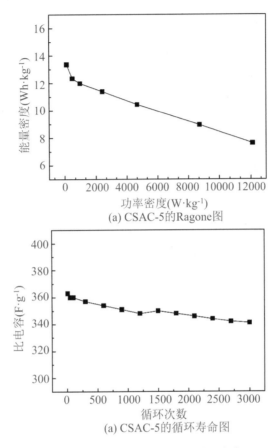

图 4.14　CSAC-5 的 Ragone 图和循环寿命图

综合本部分的研究,可以得出如下结论:

(1) 椰壳碳含量高、结构致密、纯度高、来源广泛、成本低廉,是制备超级电容器用 AC 的优质前驱体。

(2) 以椰壳为前驱体制备 AC,最优化制备参数如下:碳化温度为 500 ℃,活化温度为 800 ℃,活化时间为 3 h,碱炭比为 5。

(3) 采用上述最优化参数制备的椰壳基活性炭,其比表面积到达 2217 $m^2 \cdot g^{-1}$,外孔比表面积占总比表面积的比例为 92.6%,外孔孔容为总孔容的 81%,平均孔径为 2.96 nm,在 1 A $\cdot$ g^{-1} 的电流密度下,其比电容高达 360 F $\cdot$ g^{-1}。当功率密度从 600 W $\cdot$ kg^{-1} 增大到 12000 W $\cdot$ kg^{-1} 时,能量密度保持率为 85.2%。

4.3　基于冷冻预处理椰壳的 AC 研制

　　上一节的研究表明,碱炭比为 5 时,椰壳基 AC 具有最佳的综合性能。但如此大的 KOH 消耗量,不仅制备成本高,而且对设备的腐蚀严重。

　　为此课题组开发了一种全新的椰壳预处理方法,该方法使用水对椰壳前驱体进行浸泡,然后对浸泡后的椰壳进行冷冻,利用水在凝固成冰的过程中体积膨胀的特性,在椰壳中形成大量初始孔隙,这些孔隙有利于后续活化过程中 KOH 对碳化料的渗透,提高 KOH 的活化效率。该方法不仅能有效减少 KOH 的用量,降低制备成本并减少设备污染,还能减少后续清洗过程产生的废液对环境的污染,对探索高比表面大孔径活性炭的活化机理也有重要的理论价值。

4.3.1　椰壳冷冻

　　椰壳冷冻过程如图 4.15 所示,具体为:先将去除残余果肉、泥土并充分干燥的椰壳进行粉碎处理,得到洁净椰壳碎片,然后放置到去离子水中浸泡 48 h,使水充分浸入椰壳中。滤去多余的水,将浸泡过的椰壳于低温冷冻 24 h。将冷冻后的椰壳充分干燥,制得一次冷冻椰壳。依次重复上述浸泡、冷冻和干燥步骤 N 次,得到 N 次冷冻椰壳。

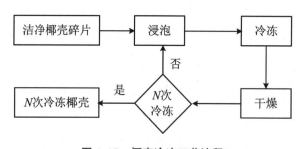

图 4.15　椰壳冷冻工艺流程

4.3.2　冷冻椰壳炭的制备与表征

　　采用与本章上一节相同的方法,将经过 N 次冷冻处理的椰壳装入镍坩埚并放入井式炉中,在 N_2 保护下进行碳化,碳化温度为 500 ℃,碳化时间为 2 h,得到冷冻椰壳炭(frozen coconut shell-based charcoal,FCSC),并标记为 FCSC-N,其中,N 表示冷冻次数。

冷冻椰壳炭的 XRD 图谱如图 4.16 所示。所有样品在 23°和 42°附近各有一个宽衍射峰,分别对应于乱层碳的(002)衍射和石墨碳的(100)衍射。这说明所有样品均为无定型结构。[119-120]与石墨碳在 25°左右的(002)峰比,冷冻椰壳炭的衍射峰朝小角度方向偏移到 23°左右,说明材料的石墨化程度低。

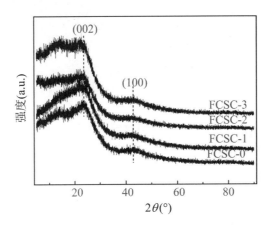

图 4.16　冷冻椰壳炭的 XRD 图谱

如图 4.17 所示,各样品的表面均存在大小不同、形态各异的孔洞。孔径分布范围宽,既有少量微米级的大而深的孔洞,也有大量密集分布的 10 nm 以下的孔隙。这些小孔径孔隙均匀地分布在材料的外表面和大孔洞的内表面,它们对活化过程中 KOH 充分渗透到椰壳炭内部从而进行深度活化非常重要。

各椰壳炭的吸/脱附等温线如图 4.18(a)所示。所有样品的等温线均为Ⅳ型。在低相对压力区域(P/P_0<0.05),吸附量随压力增大而迅速增长,这表明所有样品均有大量的微孔。[133]在高相对压力区域,椰壳炭的 N_2 吸附量持续上升,说明材料中存在一定数量的外孔。[134]在所有压力点,冷冻椰壳炭(FCSC-N,N>0)的吸附量均远大于非冷冻椰壳炭(FCSC-0),说明冷冻处理显著增加了椰壳炭的孔隙率。但是不同冷冻次数的椰壳炭的吸附量差别不明显,说明冷冻处理使椰壳炭的氮气吸附量的提高主要来自第一次冷冻的贡献。第一次以后的冷冻的作用主要是对比表面积和孔容,特别是孔径分布进行微调。

如图 4.18(b)和图 4.19 所示,所有样品的孔隙均由微孔(<2 nm)和窄孔

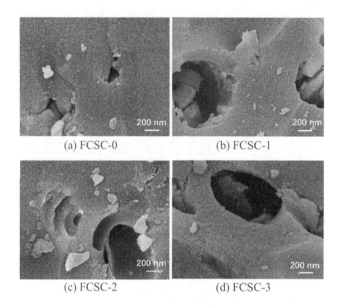

图 4.17　FCSC-0、FCSC-1、FCSC-2 和 FCSC-3 的 SEM 图像

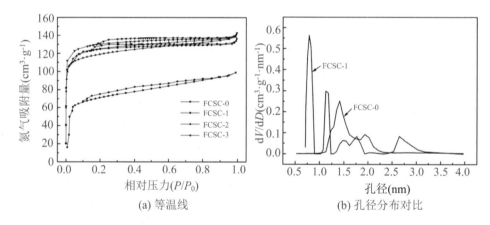

图 4.18　冷冻椰壳炭的吸/附等温线及 FCSC-0 与 FCSC-1 的孔径分布对比

径中孔(2~4 nm)构成。FCSC-0 的孔径局限于 1.1~2.3 nm 之间,且呈双峰模式,其峰值分别位于 1.5 nm 和 2.0 nm。作为对比,FCSC-1 则呈多峰分布模式,在 0.8 nm 和 1.1 nm 处各有一个强而窄的分布峰,且在 2.6 nm 处有一个宽而弱的分布峰(图 4.18(b))。这表明第一次冷冻不仅扩大了椰壳内原始孔隙的孔径,而且产生了一些窄孔径的新孔隙。这使得 FCSC-1 的比表面积(S_{BET})和孔容(V_{total})分别为 FCSC-0 的 1.83 倍和 1.41 倍(表 4.4)。

与 FCSC-1 的主分布峰位于 0.8 nm 不同,FCSC-2 的绝大部分孔径位于

$0.9\sim1.5$ nm 之间(图 4.19(a)),这使得其具有更大的平均孔径(D_{aver}),且其比表面积(S_{BET})、微孔比表面积占总比表面积比例(R_s)和微孔孔容占总孔容比例(R_v)均比 FCSC-0 小(表 4.4)。

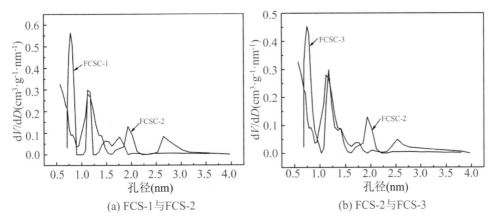

(a) FCS-1 与 FCS-2   (b) FCS-2 与 FCS-3

图 4.19 孔径分布对比图(FCSC-1 与 FCSC-2,FCSC-2 与 FCSC-3)

与 FCSC-2 相比,FCSC-3 的主分布峰向窄孔径方向偏移(图 4.19(b)),这使其具有更小的 D_{aver},更高 S_{BET}、R_s 和 R_v(表 4.4)。

表 4.4 椰壳炭的孔隙参数

样品	S_{BET} ($m^2 \cdot g^{-1}$)	R_s (%)	V_{total} ($cm^3 \cdot g^{-1}$)	R_v (%)	D_{aver} (nm)
BC-0	263	74.5	0.153	53.6	2.32
BC-1	482	95.0	0.211	86.7	1.75
BC-2	469	89.8	0.214	77.1	1.82
BC-3	507	94.7	0.221	86.4	1.74

4.3.3 冷冻椰壳基活性炭的制备与表征

采用与本章上一节相同的方法,将活化剂 KOH 与冷冻椰壳炭按碱炭比为 $m(KOH):m(FCSC-N)=R$ 的比例充分混合,装入镍坩埚并放入井式炉中,在 N_2 保护下,将井式炉从室温以恒定升温速率升温至 500 ℃保温 1 h,然后升温至 800 ℃并保持 3 h,然后将电炉自然冷却到室温后,将产物使用去离子水清洗至 pH 值接近中性,然后加入 HCl 煮沸,并再次清洗至中性,然后放置在鼓风干燥箱内 80 ℃干燥 24 h,研磨成粉末状,在真空干燥箱内 110 ℃充分干燥 24 h,得到冷冻椰壳基活性炭(frozen coconut shell-based activated carbon,FCSAC),并标记为 FCSAC-NR,其中 N 代表冷冻次数,R 代表碱炭比。

作为活化剂,KOH 与椰壳炭中的碳原子发生选择性反应形成孔隙。因此KOH 的用量对活性炭的孔隙结构具有重要影响。由图 4.20 可知,大多数情况下,KOH 用量相同时,经历不同冷冻次数的椰壳炭其比表面积存在很大差异。这说明冷冻椰壳基活性炭的孔隙性严重依赖冷冻椰壳炭的结构。KOH 用量与 S_{BET} 之间的关系大致可以分为两类,即波动型和持续增长型。相应地,冷冻椰壳基活性炭也可以分成两组,其中 FCSAC-0R 和 FCSAC-2R 为波动组,FCSAC-1R 和 FCSAC-3R 为持续增长组。出现这种分组是因为相同组对应的椰壳炭具有相同的孔隙结构。比如,对于波动组,FCSC-0 和 FCSC-2 在均在 1.00~1.75 nm 范围内有一个强分布峰,而在 2.00 nm 处有一个弱分布峰(图 4.21(a))。另一方面,对于持续增长组,FCSC-1 和 FCSC-3 都在 0.75 nm 和 1.15 nm 左右各有一个强分布峰,同时在宽尺寸孔径端均存在数个弱分布峰(图 4.21(b))。

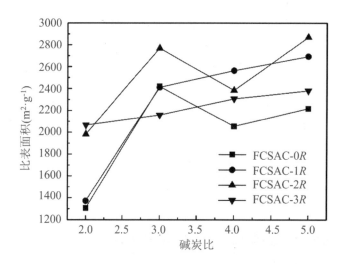

图 4.20　冷冻椰壳基活性炭比表面积与碱炭比的关系

冷冻椰壳基活性炭的比电容与碱炭比的关系如图 4.22 所示,比电容根据恒流充放电测试的结果计算得到,充放电电流密度为 0.25 A·g^{-1}。对于未冷冻椰壳基活性炭(FCSAC-0R),其比电容 C_g 随着碱炭比 R 的增加而显著增大。并在碱炭比 R=5 时取得最大值。这意味着要使非冷冻椰壳炭充分活化,必然

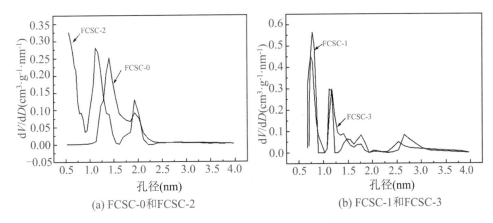

图 4.21　冷冻椰壳炭孔径分布分组对比图

需要消耗大量的 KOH。[135]由图 4.22 可以看出,对于任意碱炭比 $R(R<5)$,所有冷冻椰壳基活性炭的比电容均高于非冷冻椰壳基活性炭。同时,FCSAC-13、FCSAC-14 和 FCSAC-24 的比电容均高于 FCSAC-05。

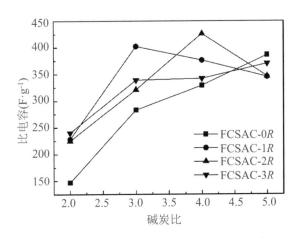

图 4.22　冷冻椰壳基活性炭比电容与碱炭比的关系

　　由图 4.22 还可以看出,不同冷冻次数的椰壳炭的活化过程中,比电容与碱炭比之间的关系不同。对任意给定的碱炭比 R,比电容 C_g 与冷冻次数 N 之间没有直接的关系。因为经历不同冷冻次数的椰壳制备的椰壳炭其孔隙性不同。碱炭比为 2、3、4 和 5 时,比电容最高活性炭对应的椰壳炭分别为 FCSC-3、FCSC-1、FCSC-2 和 FCSC-0。

　　通常,比表面积越高,孔隙/电解液界面的电荷存储能力就越强,但是对很多活性炭来说,情况并不是这样的。[136-137]对比图 4.20 和图 4.22 可以发现,对所有样品，比表面积 S_{BET} 和比电容 C_g 之间确实没有直接关系。对任意给定 FCSAC-NR，很难仅根据其比表面积来推测其比电容。比如，FCSAC-03 和 FCSAC-13 的比表面积几乎相同，但是 FCSAC-13 的比电容比 FCSAC-03 大 42％。另外，FCSAC-12 的比表面积仅为 FCSAC-22 的 69％，但是它们具有几乎相同的比电容。对双电层电容器的电荷存储，比表面积和孔径分布（pore size distribution，PSD）同样重要。[138-139] 孔径小于溶剂化离子直径的微孔由于离子不能进入而对比电容没有贡献。[140] 显然，1 nm 以下的孔对提高比表面积具有很好的效果，但是 0.5 nm 以下的孔隙中通常很难形成双电层。[63] 最恰当的孔是孔径略大于电解液离子尺寸的孔。[3,141]

与 FCSAC-14 相比，显然 FCSAC-13 更可取。因为它在 KOH 使用量更小的情况下还具有更大的比电容。因此具有高经济性和比 FCSAC-05 更高比电容的样品为 FCSAC-13 和 FCSAC-24。在电流密度为 0.25 A · g^{-1} 时，FCSAC-05、FCSAC-13 和 FCSAC-24 的比电容分比为 386 F · g^{-1}、403 F · g^{-1} 和 425 F · g^{-1}。这意味着通过进行一次冷冻处理，在 KOH 消耗量减少 40％ 的同时，比电容提高 4.4％；或者经过两次冷冻处理，在减少 KOH 消耗量 20％ 的同时，比电容提高 10.1％。

如表 4.5 所示，FCSAC-13 和 FCSAC-24 的比表面积分别比 FCSAC-05 大 193 m^2 · g^{-1} 和 166 m^2 · g^{-1}。FCSAC-13 和 FCSAC-24 的孔容分别比 FCSAC-05 大 0.38 cm^3 · g^{-1} 和 0.22 cm^3 · g^{-1}。说明冷冻处理对后续活化具有非常重要的影响。原因主要是在浸泡过程中，水进入椰壳内部，冷冻时，水体积膨胀，扩大了椰壳内原有的孔隙并产生了新的孔隙。碳化后，这些孔被保留在椰壳炭中，提高了后续活化过程中 KOH 对椰壳炭的渗透从而提高了活化效率。

表 4.5　冷冻椰壳基活性炭的孔隙参数

样品	S_{BET} (m^2 · g^{-1})	R_s (％)	V_{total} (cm^3 · g^{-1})	R_V (％)	D_{aver} (nm)
FCSAC-05	2217	7.4	1.64	18.9	2.96
FCSAC-13	2410	38.0	2.02	28.9	3.35
FCSAC-24	2383	9.0	1.86	19.2	3.12

　　与冷冻椰壳炭类似,冷冻椰壳基活性炭的结构也是无定型(图 4.23(a)),这与相关文献的报道一致。[142-144]但是,冷冻椰壳基活性炭比冷冻椰壳炭具有更强的衍射峰,而且衍射峰朝大角度方向偏移,说明高温活化提高了材料的石墨化程度。

　　如图 4.23(b)所示,1350 cm^{-1} 处的拉曼峰可以归结为 D 带,对应于石墨碳层边缘无序化碳原子的伸缩模式。同时,1600 cm^{-1} 处的拉曼峰可以归结为 G 带,对应于碳环或者碳链上的 sp^2 杂化碳原子的伸缩模式。[145]D 峰与 G 峰积分面积的比值(I_D/I_G)可以反映碳材料的无序化程度。I_D/I_G 值越高,无序化程度越大。FCSAC-13、FCSAC-24 和 FCSAC-05 的 I_D/I_G 值分别为 2.73,2.96和 3.07。这是因为 KOH 使用量越大,选择性活化产生的缺陷就越多,因此无序度越高。

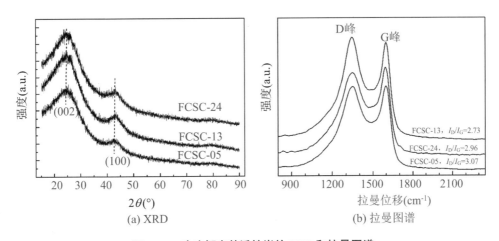

图 4.23　冷冻椰壳基活性炭的 XRD 和拉曼图谱

　　由扫描电镜图像(图 4.24)可以看出,FCSAC-05 和 FCSAC-24 的外表面和大孔径孔隙的表面都密集而均匀地分布着大量裂隙,说明活化充分而且均匀。小孔径孔隙的孔径均匀,且均为细长的裂纹状孔隙,孔隙之间互相联通。从嵌套的高分辨率透射电镜图像可以看出,材料在很小范围内存在石墨微晶结构,但是总体表现为无定型结构,这与 XRD 及拉曼光谱的结果一致。此外,FCSAC-13 的 SEM 和 TEM 也具有相似的形貌和结构。

　　如图 4.25(a)所示,各样品的 CV 曲线具有优异的矩形特征,表现为典型的双电层电容行为。此外,材料负电位的比电容明显高于正电位的比电容,因此组装成对称型超级电容器需要精确设计正负极材料的质量配比,而不能简单地将正负极的质量设置为相同的值。如果作为混合电容器电极材料，显然其更适合作为负极材料。从电位扫描反向瞬间，响应电流延迟时间看，显然FCSAC-13 和 FCSAC-24 的功率特性优于 FCSAC-05，这与孔隙性参数的结果一致。由图 4.25 可以看出，三个样品充放电曲线均具有优异的三角对称性，非常适合作为超级电容器电极材料。

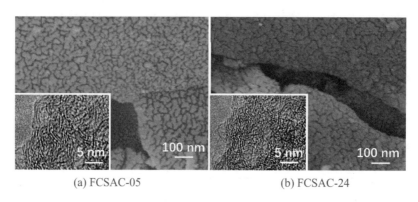

(a) FCSAC-05 　　　　　　　(b) FCSAC-24

图 4.24　FCSAC-05 和 FCSAC-24 的 SEM 和 TEM 图像

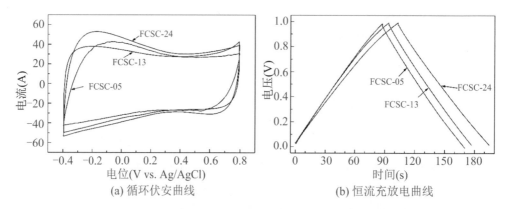

(a) 循环伏安曲线 　　　　　　　(b) 恒流充放电曲线

图 4.25　冷冻椰壳基活性炭的循环伏安曲线与恒流充放电曲线

如图 4.26(a)所示，三个样品均具有高能量密度和优异的功率特性，尤其是 FCSAC-24。在功率密度为 120 W·kg^{-1} 时，FCSAC-24 的能量密度为14.7 Wh·kg^{-1}。当功率密度提高 110 倍，FCSAC-24 的能量密度保持率为71.1%。此外，FCSAC-24 和 FCSAC-13 的整个曲线均位于 FCSAC-05 曲线的上方。这是因为 FCSAC-24 和 FCSAC-13 在具有更大的平均孔径的同时，具有高外比表面积占比。

长期循环稳定性是判断电极材料电化学性能的一个重要参数。图 4.26

(b)是在 $1\,A\cdot g^{-1}$ 的电流密度下,比电容随充放电循环的测试结果。可以看出,在经历 3000 次充放电循环后,所有样品的容量均保持在 95% 以上,具有优异的电化学稳定性。

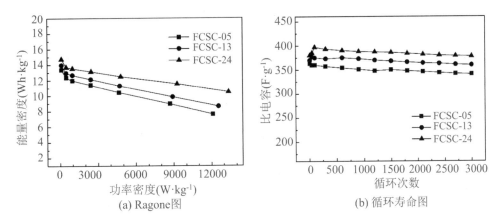

(a) Ragone图 (b) 循环寿命图

图 4.26 冷冻椰壳基活性炭的 Ragone 图和循环寿命图

综合本部分的研究,可以得出以下结论:

(1) 冷冻椰壳炭具有比未冷冻椰壳炭高得多的比表面积。冷冻导致比表面和和孔容增加主要发生在第一次冷冻。后续冷冻主要作用是对孔隙结构进行微调。

(2) 在实验参数范围内,按照孔径分布不同,椰壳炭可以分成两组,FCSC-0 和 FCSC-2 为一组,FCSC-1 和 FCSC-3 为另一组。同一组椰壳炭,后续活化制备活性炭时,产物的比表面和碱炭比的关系遵循相同的规律。

(3) 椰壳炭的孔结构对后续活化过程具有重要影响。冷冻次数不同的椰壳炭,碱炭比相同时,其对应活性炭的比表面积和孔隙结构存在很大差异。

(4) 在电流密度为 $0.25\,A\cdot g^{-1}$,碱炭比为 5 时,未冷冻椰壳基活性炭的比电容为 $386\,F\cdot g^{-1}$。经过一次冷冻处理,在碱炭比降低 40% 的同时,比电容提高 4.4%;或者经过两次冷冻处理,在碱炭比降低 20% 的同时,比电容提高 10.1%。而且上述材料均具有优异的电化学可逆性、功率特性和循环稳定性。

第 5 章　荞麦壳基层级多孔碳的绿色制备研究

5.1　引　　言

世界范围内,荞麦每年的产量都很高,因此每年由荞麦加工产生的荞麦壳(buckwheat husk,BH)数量巨大。由于缺乏合适的应用途径,大部分荞麦壳被焚烧,不仅浪费资源,还造成严重的空气污染。实际上,荞麦壳的木质素和纤维素含量很高,而且密度大、灰分含量少,特别适合用于制备高附加值的超级电容器活性炭。现有报道中,荞麦壳基活性炭主要作为净化吸附材料[146],或者锂离子电池负极材料[147],其作为超级电容器电极材料的报道还较少。

本章以荞麦壳为前驱体,以 KOH 为活化剂,通过化学活化制备用于超级电容器电极的高质量活性炭,探索不同的碱炭比对样品的孔结构、比表面积以及电化学性能的影响,并详细研究荞麦壳基活性炭作为水系超级电容器电极材料的电化学性能。

在上述研究的基础上,对荞麦壳进行冷冻预处理,改变荞麦壳的初始孔隙结构,从而改变其后续碳化和活化产物的结构,分析冷冻预处理对荞麦壳活性炭制备工艺,特别是活化工艺的影响,也验证冷冻预处理工艺对不同前驱体在提升活化效率方面的效果。

5.2　荞麦壳基活性炭制备研究

5.2.1　荞麦壳基活性炭制备方法

与椰壳活性炭制备方法类似,荞麦壳活性炭的制备也包括碳化和活化两个步骤。其中,碳化过程为:将荞麦壳洗净并充分干燥,倒入不锈钢坩埚内,置于电炉中,在氮气保护下于 300 ℃保温 1 h,然后于 500 ℃碳化 2 h,得到荞麦壳炭(Buckwheat Husk-based Charcoal,BHC)。活化过程为:将 KOH 和 BHC 按一定的碱炭比(m(KOH 质量):m(BHC))充分混合,接着将混合物在 N_2 保护下于 500 ℃保温 1 h,再在 800 ℃下活化反应 2 h,冷却后先用去离子水清洗至 pH 值呈弱碱性,然后加水煮至微沸,再加入稀盐酸煮 20 min,最后将样品清洗至 pH= 7,充分干燥、研磨后得到荞麦壳基活性炭(Buckwheat husk-based Activated Carbon,BHAC),并标记为 BHAC-N,其中,N 代表碱炭比。

5.2.2　荞麦壳炭表征

荞麦壳主要由水分、纤维素、半纤维素和木质素组成。作为支链聚合物,半纤维素通常在 200~260 ℃分解。[148]作为均聚物,纤维素通常在 240~350 ℃分解。[149]而木质素通常在 280~500 ℃分解。[150]如图 5.1 所示,110 ℃之前,荞麦壳的质量损失主要归因于脱水,约占总质量的 7%。110~200 ℃之间,荞麦壳质量保持稳定,几乎没有损失。荞麦壳的质量损失主要发生在 200~380 ℃之间,约占总质量的 56%,主要对应于纤维素和半纤维素的热分解。380 ℃后荞麦壳的质量损失较小(约 16%),主要对应于木质素的分解。最终样品的质量约为原始荞麦壳质量的 21%。这与文献[151]的结果相似。TG 测试结果表明,荞麦壳质量在 500 ℃后也存在一定比例的下降。这是因为过高的热解温度会导致木质素的完全分解,进而导致结构坍塌。[152]因此,在制备活性炭过程中,荞麦壳的碳化温度选择为 500 ℃。

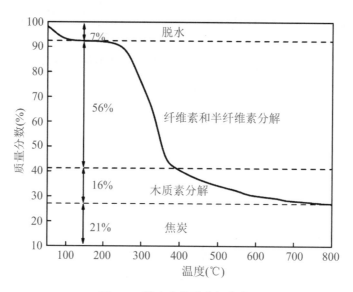

图 5.1　荞麦壳热重分析曲线

如图 5.2(a)所示,BHC 在 24°和 43°附近各存在一个宽衍射峰,分别对应于石墨的(002)和(100)衍射。但是,与石墨 25°左右的衍射峰相比,BHC 的(002)衍射峰朝小角度方向发生偏移。同时,(100)峰的宽度和强度也表明 BHC 为无定型结构。[119]拉曼光谱经常用来表征碳材料的无序化程度和缺陷。如图 5.2(b)所示,BHC 的 D 峰和 G 峰分别位于 1369 cm^{-1} 和 1594 cm^{-1} 处。BHC 的 I_D/I_G 值为 4.58,表明其无序化程度很高,这与 XRD 的结果一致。

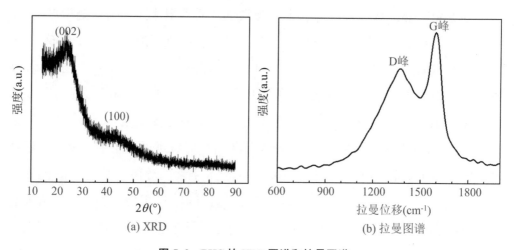

图 5.2　BHC 的 XRD 图谱和拉曼图谱

如图 5.3 所示,在 1k 的放大倍数下,BHC 为互相交联的颗粒状,而且粒径非常均匀。由于荞麦壳外形为中空半球状，所以由于高温碳化而团聚的 BHC 为松脆的海绵状结构。在 100k 的放大倍数下，可以看到 BHC 表面存在大量细长的孔隙。孔隙分均匀，部分孔隙之间相互联通。这些孔隙有利于后续活化过程中 KOH 对 BHC 的渗透。

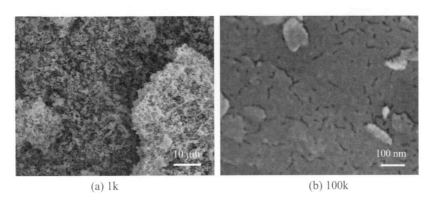

(a) 1k　　　　　　　　　　(b) 100k

图 5.3　BHC 在 1k 和 100k 时的 SEM 图像

5.2.3　荞麦壳基活性炭表征

如图 5.4(a) 所示，所有活性炭样品在 25°和 43°附近各有一个宽的衍射峰，分别对应于石墨的 (002) 和 (100) 衍射，说明样品均为无定型结构。但是，与 BHC 在 24°左右的衍射峰相比，BHACs 的 (002) 衍射峰朝大角度方向发生偏移，而且衍射峰的强度也显著增大，说明相比于 BHC，BHACs 的有序化程度更高。这是因为活化温度高于碳化温度，而提高反应温度可以提高材料的石墨化程度。[153]另外，高石墨化程度有利于提高活性炭的电导率，从而提高超级电容器的功率特性。

与 BHC 类似，所有荞麦壳基活性炭在 1360 cm^{-1} 和 1590 cm^{-1} 处各有一个拉曼峰，分别对应于 D 峰和 G 峰（图 5.4(b)）。但是，与 BHC 相比，所有样品的 I_D/I_G 值更低，说明其有序度更高，这与 XRD 的结果一致。BHAC-2、BHAC-3、BHAC-4 和 BHAC-5 的 I_D/I_G 分别为 2.51、2.69、3.00 和 3.02。这说明提高碱炭比会导致有序度的降低。因为碱炭比越高，则 KOH 使用量更大，产生的缺陷越多。

图 5.5 为荞麦壳基活性炭的 SEM 图像。可以看出，材料外表面既存在平坦的区域，也存在大尺寸的孔隙。所有材料的表面均存在大量裂纹状孔隙，这

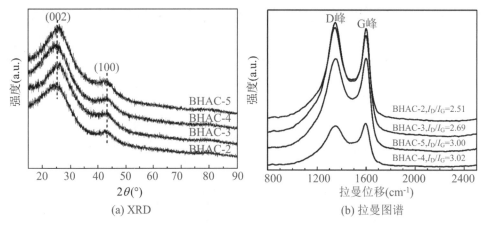

(a) XRD   (b) 拉曼图谱

图5.4 荞麦壳基活性炭的 XRD 图谱和拉曼图谱

些孔隙互相交联,而且尺寸均匀,说明在不同的碱炭比下,BHC 均被均匀活化。此外,随着碱炭比的提高,活性炭表面孔隙的密度逐渐增大,说明增加 KOH 的用量,可以产生更多的孔隙,从而提高比表面积和孔容。同时,与 BHAC-4 相比,BHAC-5 的孔径明显更大,说明当碱炭比达到一定数量的时候,进一步增加碱炭比可以扩大孔径。

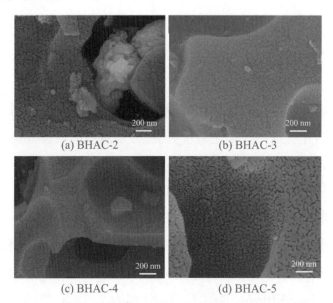

(a) BHAC-2   (b) BHAC-3

(c) BHAC-4   (d) BHAC-5

图5.5 BHAC-2、BHAC-3、BHAC-4 和 BHAC-5 的 SEM 图像

如图 5.6(a)所示,所有荞麦壳基活性炭的吸附等温线主要为 I 型等温线。在低相对压力区域($P/P_0 < 0.05$),氮气吸附量急速增长,意味着样品中存在大量的微孔。在高相对压力区域,氮气吸附量继续增长,表示样品中存在一定数

量的中孔。同时,随着碱炭比的提高,吸附量增长显著,碱炭比从 2 提高到 3
时,吸附量增加尤为显著。另外,BHAC-2 和 BHAC-5 的吸/脱附等温线均存在
明显的洄滞环,表示它们具有更多的中孔。如图 5.6(b)所示,BHAC-2 的孔隙
均在 4 nm 以下。其微孔存在多个分布峰,但各分布峰强度不高;2～4 nm 之间
的孔隙占比较大,这使得其在 4 个样品中具有最大的平均孔径和最小的微孔比
表面积占比(表 5.1)。BHAC-3 与 BHAC-2 在微孔范围内具有相似的分布,但
BHAC-3 分布峰强度大得多,BHAC-3 很少有 2 nm 以上的孔隙,所以 BHAC-3
的微孔比表面积占比很高,达到 95%,是 4 个样品中微孔比表面积占比最高的
(表 5.1)。

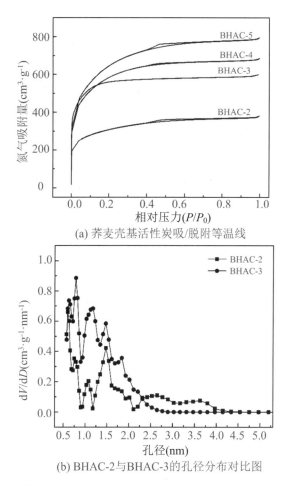

(a) 荞麦壳基活性炭吸/脱附等温线

(b) BHAC-2 与 BHAC-3 的孔径分布对比图

图 5.6　荞麦壳基活性炭吸/脱附等温线,BHAC-2 与 BHAC-3 的孔径分布对比图

在微孔范围内,BHAC-4 在 0.6、0.8 和 1.5 nm 处各存在 1 个分布峰,特别
是 1.5 nm 处的分布峰,不仅强度高,而且宽度大。此外,BHAC-4 在 2～4 nm

的范围内也存在大量的孔隙分布(图 5.7(a))。因此 BHAC-4 具有比 BHAC-3
更大的外孔比表面积占比和更大的平均孔径((表 5.1))。BHAC-5 的孔径分布
与 BHAC-4 非常相似,但是在 1.6~4 nm 之间,BHAC-5 的孔分布强度更大
(图 5.7(b))。因此 BHAC-5 具有更大的外孔比表面积占比和平均孔径
(表 5.1)。

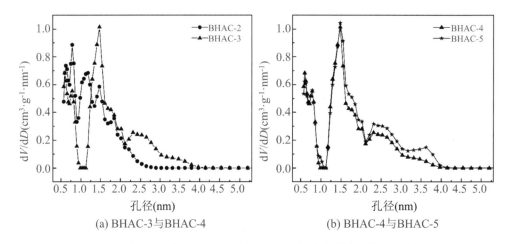

(a) BHAC-3与BHAC-4　　　　　　　(b) BHAC-4与BHAC-5

图 5.7　BHAC-3 与 BHAC-4,BHAC-4 与 BHAC-5 的孔径分布对比图

表 5.1　荞麦壳基活性炭的比电容与孔隙参数

样品	S_{BET} ($m^2 \cdot g^{-1}$)	R_s (%)	V_{total} ($cm^3 \cdot g^{-1}$)	D_{aver} (nm)	C_g ($F \cdot g^{-1}$)	C_a ($\mu F \cdot cm^{-2}$)
BHAC-2	1070	77	0.59	2.20	139	13.0
BHAC-3	2021	95	0.93	1.83	162	8.0
BHAC-4	2127	86	1.06	1.99	242	11.4
BHAC-5	2347	78	1.23	2.10	295	12.6

表 5.1 为荞麦壳基活性炭的孔隙参数,表中 $R_s = S_{micro}/S_{BET}$,为微孔比表
面积与 BET 比表面积的比值。C_g 为质量比电容,C_a 为面积比电容。低碱炭比
导致 BHAC-2 活化不充分,从而比表面积和总孔容都不高。但是 BHAC-2 具
有最大的平均孔径和最小的微孔比表面积占比。当碱炭比从 2 提高到 3 时,比
表面积和总孔容分别提高 88.9% 和 57.6%。但是外比表面积占比和平均孔径
均大幅降低。对 4 个样品,随着碱炭比的提高,BET 比表面积和总孔容积都逐
步提高。BHAC-5 在具有最高比表面积的同时,其外比表面积占比和平均孔径
均较大,与 BHAC-2 接近,这有利于提高比表面积利用率和功率特性。

如图 5.8(a)所示，扫速为 2 mV・s⁻¹ 时，在－0.2～0.8 V 的电位范围内，所有活性炭的循环伏安曲线具有典型的矩形特征，说明其非常适合作为超级电容器电极材料。但是，与理想双电层电容器的标准矩形 CV 曲线相比，实际活性炭电极的 CV 曲线存在一定的偏离。主要表现为在电位扫描方向突然反向的瞬间，响应电流存在明显的洄滞环，需要经历一定的过渡时间后，响应电流才能达到稳定值。过渡时间的大小除了与电极容量有关外，还与电极的等效串联内阻有关。在电解液和电极成分相同的情况下，等效串联电阻主要取决于电极的质量转移电阻，而质量转移电阻与 AC 的孔结构密切相关，特别是平均孔径（D_{aver}）。D_{aver} 越大，过渡时间越短。因为大的平均孔径有利于电解质离子的迁移，因此可以减少过渡时间。从图 5.8(a)可以看出，4 个样品过渡时间从长到短依次为 BHAC-3、BHAC-4、BHAC-5 和 BHAC-2，这与表 5.1 的结果一致。

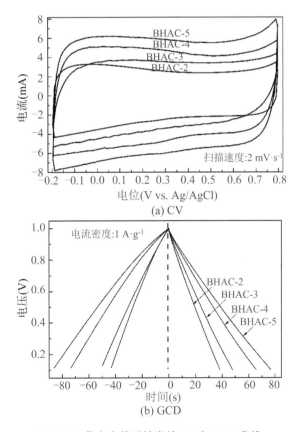

图 5.8　荞麦壳基活性炭的 CV 和 GCD 曲线

图 5.8(b)为不同碱炭比的荞麦壳基活性炭的恒流充放电（GCD）曲线，充放电电流密度为 1 A・g⁻¹。所有样品的 GCD 曲线具有非常好的三角对称性，

说明其双电层性能优异。各样品的比电容(C_g)如表5.1所示。随着碱炭比的提高，比表面积(S_{BET})逐步增大，而且C_g也逐步增大，并在碱炭比为5时，取得295 F·g^{-1}的最大比电容。但是，C_g和S_{BET}之间并没有线性关系。因为除了S_{BET}，孔径分布(pore size distribution, PSD)也对C_g具有重要影响。小孔径微孔对比表面积贡献很大，孔径略大于电解质离子直径的孔隙对比电容的贡献最大。[63]面积比电容(C_a)表示电极材料单位表面积能提供的电容。由表5.1可以看出，平均孔径越大，面积比电容越大。清洁石墨表面的理论面积比电容为20 μF·cm^{-2}。[63]BHAC-2和BHAC-5分别达到理论值的65%和63%，两个样品均有非常高的比表面积利用率，说明其具有合理的孔径分布。

表5.2为各种生物质基活性炭的性能。BHAC-5的C_g和S_{BET}均优于表中绝大部分文献报道的活性炭材料。大部分文献报道的水系活性炭基超级电容器均使用酸性或者碱性电解液，因为使用这类电解液的超级电容器易于获得高比电容和高电导率。但是酸性和碱性电解液腐蚀性强，特别是对于超级电容器的金属外壳，这种影响在长期的充放电循环过程中表现尤为突出。因此本研究采用中性电极液。与表5.2中使用1 mol·L^{-1} H$_2$SO$_4$的废纸基活性炭相比，BHAC-5具有相似的比电容和比表面积，但是测试电流密度更大，而且使用的是中性电解液。同样地，虽然椰壳基AC使用了高浓度碱性电解液(6 mol·L^{-1} KOH)，BHAC-5在相同电流密度下，在低浓度中性电解液中(0.5 mol·L^{-1} Na$_2$SO$_4$)获得了比前者高27 F·g^{-1}的比电容。此外，在同样使用Na$_2$SO$_4$电解液和相同电流密度情况下，BHAC-5的比电容和比表面积近乎为竹笋基AC的2倍。所有这些均与荞麦壳的成分和结构以及最终制备的活性炭的孔隙性有关。

表5.2 各种生物质基活性炭的性能比较

材料	比表面积 ($m^2 \cdot g^{-1}$)	电解质	测试电流 ($A \cdot g^{-1}$)	比电容 ($F \cdot g^{-1}$)	参考文献
荔枝壳	1122	6 mol·L^{-1} KOH	0.1	220	[126]
废纸	2341	1 mol·L^{-1} H$_2$SO$_4$	0.5	286	[154]
花生麸	2565	3 mol·L^{-1} KOH	0.04	188	[155]
椰子仁	1200	1 mol·L^{-1} H$_2$SO$_4$	0.25	173	[156]
芒草	1816	6 mol·L^{-1} KOH	0.05	203	[123]
豆粕	1175	3 mol·L^{-1} KOH	0.04	330	[120]

材料	比表面积 ($m^2 \cdot g^{-1}$)	电解质	测试电流 ($A \cdot g^{-1}$)	比电容 ($F \cdot g^{-1}$)	参考文献
椰壳	1847	6 mol·L^{-1} KOH	1.0	268	[157]
竹笋	1351	1 mol·L^{-1} Na_2SO_4	1.0	147	[158]
BHAC-5	2347	0.5 mol·L^{-1} Na_2SO_4	1.0	295	本研究

如图 5.9(a)所示,在不同的扫描速度下,BHAC-5 电极的 CV 曲线均保持着非常好的矩形特征。即使在 20 mV·s^{-1} 的扫描速度下,其响应电流的过渡时间也非常短。增加扫描速度,每个电位点的响应电流几乎线性增大,表现出优异的功率特性。类似地,在不同的电流密度下,基于 BHAC-5 的超级电容器,其 GCD 曲线均保持近乎完美的三角对称性。当电流密度从 1 A·g^{-1} 增加到 10 A·g^{-1} 时,比电容保持率维持在 90.3%。

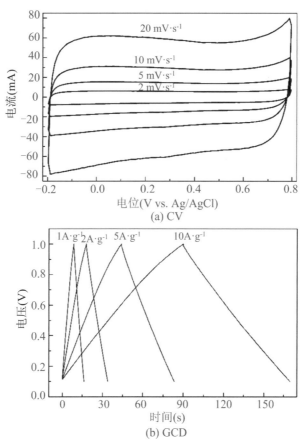

(a) CV

(b) GCD

图 5.9 BHAC-5 电极的 CV 和 GCD 曲线

如图 5.10(a)所示,在功率密度为 500 W·kg^{-1} 时,基于 BHAC-5 的超级电容器的能量密度为 12.3 Wh·kg^{-1}。当功率密度提高 30 倍时,能量密度保持率依然高达 70.5%。在循环稳定性方面,如图 5.10(b)所示,除了开始的几十个周期因为电极浸润不充分导致比电容略有波动外,基于 BHAC-5 的超级电容器在整个测试次数范围内均保持优异的容量稳定性。在经历 3000 次充放电循环后,比电容保持率维持在 98.5%,循环稳定性好。

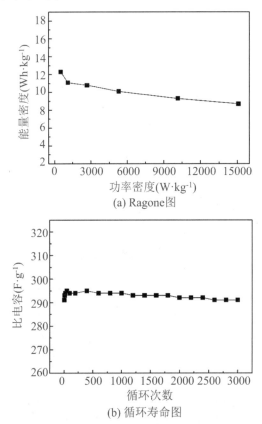

(a) Ragone图

(b) 循环寿命图

图 5.10　基于 BHAC-5 的超级电容器的 Ragone 图和循环寿命图

综合本部分的研究,可以得出以下结论:

(1) 荞麦壳基活性炭为无定型结构,随着碱炭比的提高,其无序度也逐步提高。在实验参数范围内,荞麦壳基活性炭的比表面积和比电容随碱炭比提高而增大,综合考虑制备成本,碱炭比选择为 5 较为合适。

(2) 荞麦壳非常适合作为制备高品质活性炭的前驱体,在碱炭比为 5 时,荞麦壳基活性炭的比表面积到达 2347 m^2·g^{-1},平均孔径为 2.1 nm,比表面积利用率达到理论值的 63%。基于该活性炭的超级电容器表现出优异的双电层性能,在 1 A·g^{-1} 的电流密度下,其比电容为 295 F·g^{-1}。在功率密度为 500 W·kg^{-1} 时,能量密度为 12.3 Wh·kg^{-1}。功率密度提高 30 倍,能量密度保持率为 70.5%。经历 3000 次循环后,比电容保持率为 98.5%。

（3）以荞麦壳为前驱体制备活性炭不仅可以避免资源浪费和环境污染的问题,而且可以制备高附加值的超级电容器活性炭,为生物废弃物的利用提供了一条新途径。

5.3　荞麦壳基活性炭的冷冻法制备研究

本章上一节的研究表明,在碱炭比为 5 时,荞麦壳基活性炭达到最大比表面积和最高比电容。如此大的 KOH 使用量,必然导致高制备成本和严重的设备腐蚀。降低 KOH 的使用量显得非常迫切。前驱体冷冻预处理方法过程简单、设备要求低、完全无污染,而且成本低,是绿色、高效、低成本的预处理方法。本节再次采用冷冻法对荞麦壳进行预处理,考察该方法对荞麦壳前驱体进行预处理的效果,并验证该方法的普适性。

5.3.1　冷冻荞麦壳基活性炭制备

1. 荞麦壳冷冻预处理

将清洗干净并干燥的荞麦壳于去离子水中浸润 48 h,滤除多余水分,将荞麦壳低温冷冻 72 h,室温解冻后,放入鼓风干燥箱于 90 ℃干燥 24 h 之后取出,粉碎,得到冷冻荞麦壳(frozen buckwheat husk,FBH)。

2. 冷冻荞麦壳基活性炭制备

采用与本章上一节相同的方法对冷冻荞麦壳进行碳化,得到冷冻荞麦壳炭(frozen buckwheat husk charcoal,FBHC)。

采用与本章上一节相同的方法以不同的碱炭比 N,对 FBHC 进行活化,得到冷冻荞麦壳基活性炭(frozen buckwheat husk-based activated carbon,FBHAC),并标记为 FBHAC-N,其中,N 表示碱炭比。

5.3.2　冷冻荞麦壳炭表征

如图 5.11 所示,BHC 和 FBHC 在 23°和 42°附近各有一个宽衍射峰,分别对应于乱层碳的(002)衍射和石墨碳的(100)衍射。这说明两个样品均为无定型结构。但与 BHC 比,FBHC 衍射峰的宽度更大,说明其石墨化程度更低。

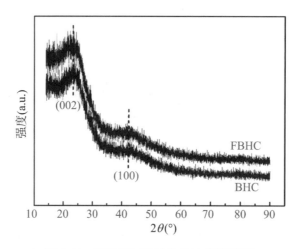

图 5.11　BHC 和 FBHC 的 XRD 衍射图谱

由图 5.12 可以看出,BHC 的表面分布着大量条纹状裂隙,这些孔隙对后期活化过程中 KOH 渗透和浸润具有重要作用。但是孔隙密度较小、分布也不均匀,且大部分孔隙之间为相互独立状态。与 BHC 相比,FBHC 的孔隙密集得多,孔隙尺寸更小,分布均匀,孔隙之间相互联通。更密集的、相互连通的孔隙有利于 KOH 对碳化料的充分、均匀渗透。

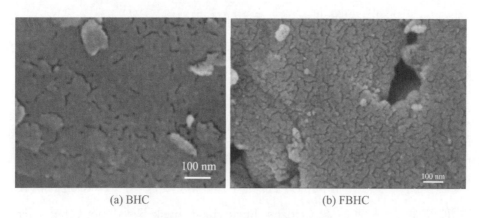

(a) BHC　　　　　　　　　　(b) FBHC

图 5.12　BHC 和 FBHC 的 SEM 图像

由吸/脱附等温线(图 5.13(a))可以看出,BHC 和 FHBC 的吸附量在低压区域均快速上升,说明存在大量微孔。FBHC 吸/脱附等温线的洄滞环不明显,说明其外孔少;相反,BHC 存在较明显的洄滞环,说明 BHC 存在一定量的外孔。另外,与 BHC 相比,FBHC 的吸附量略小,这与上一章椰壳冷冻的结果不同。孔径分布曲线(图 5.13(b)表明,FBHC 的孔隙主要是微孔,外孔比例非常小,而且其微孔主要是小孔径微孔。作为对比,BHC 的孔隙除了微孔外,在 2~3 nm 之间还存在一定数量的孔隙,而且其微孔主要是大孔径的微孔。

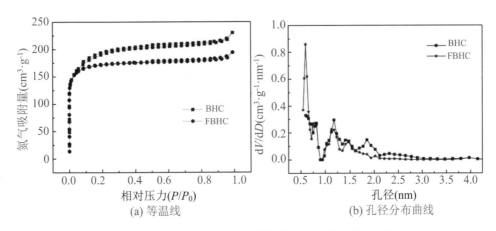

图 5.13 **BHC 和 FBHC 的吸/脱附等温线和孔径分布曲线**

由表 5.3 可以看出,BHC 和 FBHC 的比表面积都很高,均在 700 m^2 · g^{-1} 左右,远高于上一章椰壳炭 263 m^2 · g^{-1} 及 1 次冷冻椰壳炭 482 m^2 · g^{-1} 的比表面积。另外,BHC 孔容为椰壳炭孔容的 2.4 倍,且 FBHC 的孔容为一次冷冻椰壳炭的 1.5 倍。这主要是由两种不同前驱体的成分和结构的差异造成的。与椰壳炭不同,冷冻处理后,荞麦壳炭的比表面积和孔容均下降。但是其微孔表面积占比 R_s 和微孔孔容占比 R_v 均显著增加,而且平均孔径减小近 50%。从 SEM 图像可以看出,微孔占比的增加,使得其表面孔隙更加密集,更加均匀。而且冷冻以后,孔隙确实明显变小。

表 5.3 **BHC 与 FBHC 的孔隙参数对比**

样品	S_{BET} (m^2 · g^{-1})	R_s (%)	V_{total} (cm^3 · g^{-1})	R_v (%)	D_{aver} (nm)
BHC	710	89.9	0.36	75.0	2.00
FBHC	671	96.9	0.30	86.7	1.08

5.3.3 冷冻荞麦壳基活性炭表征

由图 5.14(a)可以看出,在 2k 的低放大倍数下,FBHAC-4 为长条形横梁状结构和内嵌式大型孔坑的结合。在 100k 的高分辨率下(图 5.14(b)),FBHAC-4 的表面密布着大量的条纹状微孔,这些孔隙不仅数量多、密度大,而且分布均匀、孔隙之间相互联通。其他冷冻荞麦壳基活性炭的 SEM 图像也具有类似的结构。

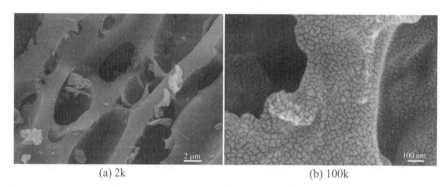

(a) 2k   (b) 100k

图 5.14   FBHAC-4 在 2k 和 100k 下的 SEM 图

由图 5.15(a)可以看出,与前面章节的活性炭类似,冷冻荞麦壳基活性炭也具有相似的 XRD 图谱,存在(002)和(101)两个宽衍射峰,为无定型结构。而且随着碱炭比的提高,石墨化程度降低。拉曼光谱(图 5.15(b))表明,与前面章节的活性炭的拉曼光谱类似,冷冻荞麦壳基活性炭的拉曼光谱也分别在 1350 cm^{-1} 和 1600 cm^{-1} 处分布出现 D 带和 G 带两个拉曼峰,而且随着碱炭比的提高,其 I_D/I_G 的值逐步增大,说明,随着碱炭比的提高,无序度也逐步变大。这与前面章节的结果一致,也与 XRD 的结果一致。

吸/脱附等温线(图 5.16(a))表明,冷冻荞麦壳基活性炭在低压阶段,其吸附量均快速上升,说明存在大量的微孔;在中高压段吸附量也存在一定幅度的上升,说明存在一定比例的外孔。FBHAC-2 和 FBHAC-4 存在较为明显的迥滞环,说明其外孔含量较大。随着碱炭比的提高,吸附量逐渐增大。碱炭比为 2 时,吸附量很小,说明 KOH 用量不够,活化不充分。碱炭比为 3、4 和 5 时,吸附量差别不大,此时碱炭比的不同,主要导致孔隙结构的差异。由图 5.16(b)可以看出,虽然 FBHAC-2 的孔容很小,但是其孔径分布范围较宽,除了微孔外,2~4 nm 之间的孔隙也有一定数量的分布。FBHAC-3 的孔径分布较窄,

3 nm 以上的孔隙基本上没有,其孔隙主要是大孔径的微孔和小孔径中孔。

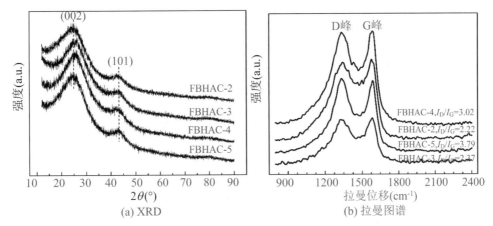

(a) XRD

(b) 拉曼图谱

图 5.15　冷冻荞麦壳基活性炭的 XRD 图谱和拉曼图谱

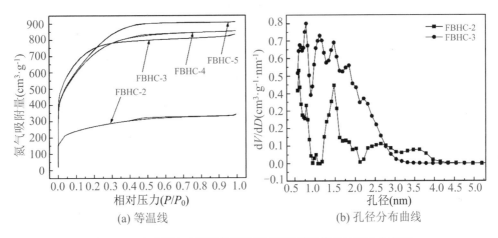

(a) 等温线

(b) 孔径分布曲线

图 5.16　冷冻荞麦壳基活性炭的吸/脱附等温线及孔径分布曲线

图 5.17(a)表明,在微孔范围内,FBHAC-4 与 FBHAC-3 具有相似的分布,但是数量小于 FBHAC-3;在 2～3 nm 之间,FBHAC-4 与 FBHAC-3 的分布曲线相似,但是数量明显更大;另外,FBHAC-4 在 3～4 nm 之间也有一定数量的中孔分布。由图 5.17(b)可以看出,在微孔范围内,FBHAC-5 与 FBHAC-4 的孔容分布几乎完全相同。二者在中孔范围内的分布也类似,但是 FBHAC-5 的值显著高于 FBHAC-4。

表 5.4 为荞麦壳基活性炭的孔隙参数。可以看出,对于冷冻荞麦壳基活性炭,随着碱炭比的提高,孔容逐步增大。碱炭比从 2 提高到 3,孔容增大到原来的 2.43 倍。进一步提高碱炭比,孔容增加不明显。对于比表面积,碱炭比从 2 提高到 3 时,比表面积增加到原来的 2.9 倍,进一步提高碱炭比,比表面积呈波

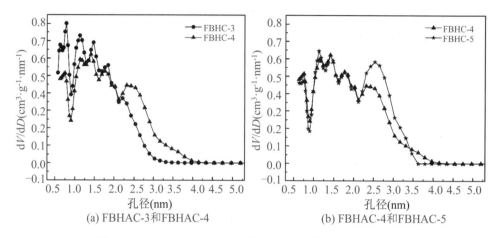

图 5.17　FBHAC-3、FBHAC-4 和 FBHAC-5 的孔径分布对比图

动式变化，主要是微调，其改变的主要是活性炭的孔隙结构。FBHAC-2 和 FBHAC-4 具有类似的微孔比表面积占比 R_s 和接近的平均孔径 D_{aver}，其面积比电容 C_a 也是表中最大的两个样品，这与其外比表面积含量高、平均孔径大密切相关。FBHAC-3 的比电容为 BHAC-5 的 96.8%，从减少 KOH 使用量的角度来说，显然，FBHAC-3 已经是很好的替代品，但是其外孔比表面积含量和平均孔径都偏小，而且面积比电容也偏小。而 FBHAC-4 的比电容比 BHAC-5 高 14.6%，同时，外比表面积比例、平均孔径和面积比电容等性能均优于 BHAC-5。

表 5.4　荞麦壳基活性炭的比电容和孔隙参数

样品	S_{BET} ($m^2 \cdot g^{-1}$)	R_s (%)	V_{total} ($cm^3 \cdot g^{-1}$)	D_{aver} (nm)	C_g ($F \cdot g^{-1}$)	C_a ($\mu F \cdot cm^{-2}$)
BHAC-5	2347	78	1.23	2.10	295	12.6
FBHAC-2	948	75	0.53	2.23	147	15.5
FBHAC-3	2750	87	1.29	1.87	285	10.4
FBHAC-4	2572	76	1.32	2.06	338	13.1
FBHAC-5	2670	65	1.41	2.11	304	11.3

由 2 mV·s^{-1} 时的 CV 曲线(图 5.18(a))可以看出，所有样品的 CV 曲线均近乎严格接近矩形，说明其具有优异的双电层性能。在电位扫描方向反向的瞬间，响应电流均很快达到稳定值，说明各样品均具有良好的功率特性，而且在 2 mV·s^{-1} 扫速下，功率特性几乎看不出差异。当扫速提高到 20 mV·s^{-1} 时

（图 5.18(b)），各样品 CV 曲线偏离矩形的程度均有不同程度的增大，但都仍然保持了良好的矩形特征，而且 FBHAC-4 的功率特性最好。

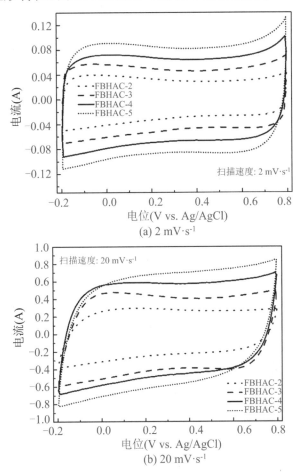

图 5.18　冷冻荞麦壳基活性炭在 2 mV·s⁻¹ 和 20 mV·s⁻¹ 时的 CV 曲线

如图 5.19 所示，随着电位扫描速度的增加，荞麦壳基活性炭电极的比电容呈减小趋势，且 FBHAC-4 的比电容始终大于其他活性炭。综合考虑不同扫描速度的情况下，FBHAC-3 的性能与 BHAC-5 接近。扫描速度从 2 mV·s⁻¹ 增加到 100 mV·s⁻¹，BHAC-5、FBHAC-2、FBHAC-3、FBHAC-4 和 FBHAC-5 的比电容保持率分别为 67.3%、65.5%、65.3%、70.6% 和 57.0%。FBHAC-3 与 BHAC-5 比电容和功率特性接近，但是 FBHAC-4 的比电容和功率特性均优于 BHAC-5。

由图 5.20 可以看出，所有样品的 GCD 曲线均具有近似严格的三角对称性，体现出优异的双电层性能。电极内阻都很低，充放电过程中，可利用的充放电电压范围宽，电荷存储能力强。FBHAC-4 在电流密度增大到 10 倍后，GCD

曲线依然保持良好的三角对称性,而且充放电开始瞬间的电位突变并不明显,可用于电荷存储的电压范围大。

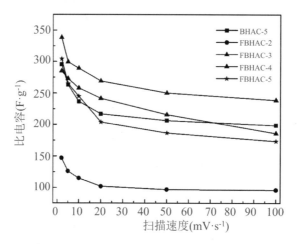

图 5.19　冷冻荞麦壳基活性炭的比电容与扫速的关系

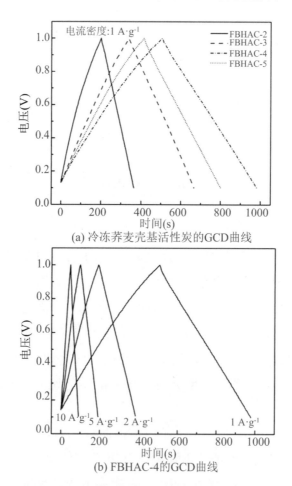

(a) 冷冻荞麦壳基活性炭的GCD曲线

(b) FBHAC-4的GCD曲线

图 5.20　冷冻荞麦壳基活性炭的 GCD 曲线和 FBHAC-4 的 GCD 曲线

综合本部分的研究,可以得出以下结论:

(1) 与椰壳炭不同,冷冻荞麦壳炭的比表面积和孔容均略低于荞麦壳炭,但是其孔隙分布更密集,分布也更均匀,平均孔径也明显更小。

(2) FBHAC-3 的比电容为 BHAC-5 的 96.8%,在减少 KOH 使用量方面具有突出效果,其功率特性也略逊于 BHAC-5。FBHAC-4 的比电容达到 338 F・g^{-1},为 BHAC-5 的 114.6%,同时其功率特性也优于 BHAC-5。这说明荞麦壳冷冻处理在减少 KOH 使用量方面也具有非常显著的效果。

第6章　纽扣式超级电容器的低成本集成式生产研究

6.1　引　　言

纽扣式超级电容器在各种智能仪表(电表、水表、流量表等)、记录仪、真空开关、数码相机、遥控器、马达、RAM 等领域均被广泛使用,需求量巨大。纽扣式超级电容器单体结构方面的最大特点是高度小,加上生产过程工序繁多,数量庞大,因此纽扣式超级电容器工业化生产难度很高。虽然大部分工序可以通过设计自动化设备来完成,但由于工艺流程长,整条生产线需要的自动化设备多,设备购置成本高。另外,由于大部分工序对生产环境的氧气和水分含量控制要求很高,生产空间越大,维持转轮除湿机、制氮机等高能耗设备运转的电力费用也越高。而且即使采用自动化模式生产,由于自动化生产线采取的是逐个生产模式,单条生产线的日产量并不高,要实现大批量生产,必然需要建立多条自动化生产线,由此导致的设备购置和能耗成本巨大。

为解决上述问题,我们开发设计了一种低成本集成式生产模式。与传统逐个生产电容器的模式不同,该模式借助自主设计的物料托盘,以整盘的模式进行生产,可以一次性完成对一个物料盘中上百个电容器的操作,极大地提高了生产效率。生产过程需要的全自动化设备少,设备购置成本低,而且设备占用生产场地少,维护生产环境所需的电力消耗也大幅度降低。

6.2　纽扣式超级电容器低成本集成式生产研究

6.2.1　工艺流程概述

纽扣式超级电容器工艺复杂,根据各工艺阶段涉及的主要部件,大体可分为极片工艺、正极工艺、负极工艺、隔膜工艺、密封圈工艺和电容器工艺,整体工艺流程如图 6.1 所示。

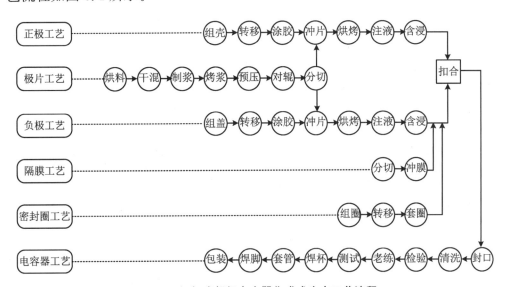

图 6.1　纽扣式超级电容器集成式生产工艺流程

极片工艺是指将电极活性材料制备成方形薄片的工艺过程。具体包括粉料烘干、粉料干混、浆料制作、浆料烘烤、极片预压、极片对辊和极片分切。

正极工艺主要包括正极壳组立(组壳)、正极壳转移(转移到托盘)、正极壳涂覆导电胶、正极极片冲压、正极烘烤、正极注液、正极含浸。

负极工艺与正极工艺基本相同,包括负极盖组立(组盖)、负极盖转移(转移到托盘)、负极盖涂覆导电胶、负极极片冲压、负极烘烤、负极注液、负极含浸。

隔膜工艺主要是将隔膜分切成与托盘尺寸相同的长方形和进一步将隔膜冲制成直径略大于电极直径的小圆片并落入负极盖内的电极片上。

密封圈工艺包括将密封圈组立到组立板、将密封圈转移到托盘和将密封圈嵌套到负极盖上。

电容器工艺包括封口、清洗、漏液检验、老练、电性能测试、连接杯焊接、胶管套缩、引脚焊接和包装。

6.2.2　工艺要求和生产装备设计

1. 粉料干燥

物料干燥主要是指活性炭和导电炭黑的干燥。干燥时将活性炭或者导电炭黑倒入不锈钢烤盘内并置于工业鼓风干燥箱内烘烤,温度为 90 ℃,时间为 24 h 以上。烘烤完成后及时将粉料密封保存。

2. 粉料干混

按质量占比分别为 80% 和 15% 的比例称取活性炭和导电炭黑并倒入三维混料机,根据活性炭及导电炭黑的质量,倒入相应质量的钢球进行混料,混料结束后,筛分出钢球,得到混合均匀的活性炭和导电炭黑混合物。

3. 浆料制作

称取质量占比为 300% 的去离子水,再称取质量比为 5% 的聚四氟乙烯乳液倒入去离子水中并充分搅拌均匀,然后倒入活性炭和导电炭黑混合物中,接着在双行星混料机中充分搅拌,得到电极浆料。

4. 浆料预干

将电极浆料在鼓风干燥箱内进行预干燥,便于后续压制成电极片,干燥温度为 120 ℃,干燥时间为 3 h。

5. 极片预压

使用压面机将经过预干燥的电极浆料压制成长条薄片,其间需要反复对折辊压,并逐步调整压面机两辊轴之间的间隙,从而调整薄片的厚度。

6. 极片对辊

将上述压制的电极薄片在电动对辊机上进行辊压,长条电极薄片的厚度控制在 0.5～0.52 mm 内,并测试电极压实密度,以确保电极密度在工艺要求的范围内。

7. 极片分切

将长条薄片分切成长度和宽度与工装盘组立区域长度和宽度相等的长方

形薄片,便于后期极片的批量冲制。

8. 壳盖组立

纽扣式超级电容器生产的特点是电容器数量庞大,体积小。纽扣式超级电容器生产初期,电极的点胶、冲片、注液、正负极扣合等工序都是以手工方式单个进行,生产效率低;而且,从一个工序到下一个工序,电极壳盖的转移也是单个进行,物料传送效率低。随着技术的进步,超级电容器生产过程逐步采用多个机械手同时进行。相比于手工模式,机械手组装速度快、精度高,而且采用多个机械手同时进行,生产效率得到了进一步提高。但是同时采用大量机械手,设备成本非常高,而且需要占据的生产空间大。而超级电容器的生产要求在高洁净度和低湿度的环境中进行,生产空间越大,营造生产环境的除湿机和制氮机等设备采购成本和维持设备运行的能耗成本将越高。因此,生产企业迫切需要设计一种生产效率高,但设备购买和运行成本低的半自动生产模式,尤其是这种生产模式所需的工具和夹具的设计。

（1）壳盖托盘

要实现半自动批量生产,首先需要设计能批量组立正极壳和负极盖的托盘。下面以负极盖托盘为例进行说明。图 6.2～图 6.5 为纽扣式超级电容器负极盖托盘结构图,其中,1-盘体,2-定位孔,3-盖托,4-盘肩,5-盘脚,31-肩托,32-底托,33-装配孔。

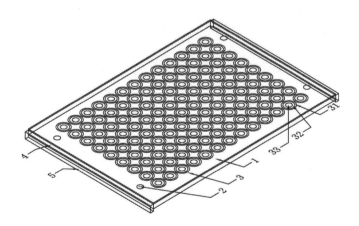

图 6.2　负极盖托盘立体图

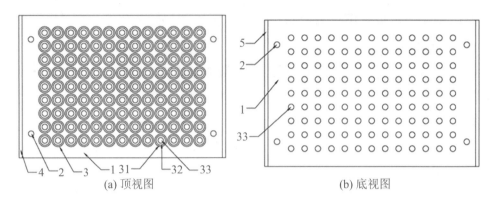

(a) 顶视图　　　　　　　　　　　(b) 底视图

图 6.3　负极盖托盘的顶视图和底视图

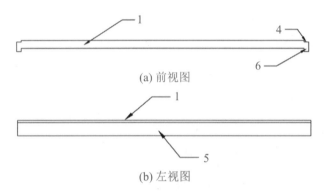

(a) 前视图

(b) 左视图

图 6.4　负极盖托盘的前视图和左视图

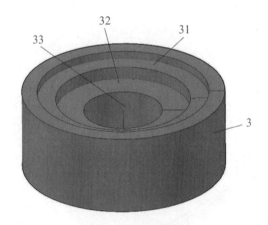

图 6.5　盖托立体图

　　托盘主要包括盘体 1 和定位孔 2。盘体上有呈紧密排布的盖托 3,盖托 3 包括肩托 31、与肩托 31 同心的底托 32 和底部与底托 32 同心的装配孔 33。盘体 1 的长度方向两侧均有盘肩 4 和盘脚 5。

由于极片干燥工序需要将托盘与负极片一起放入真空烤箱烘烤,要求托盘能长时间耐受 100 ℃以上温度烘烤而不变形,因此盘体 1 为塑料或金属材质。

结合人体手掌结构特点,盘体长、宽设计要满足工人能反复牢固握持托盘而又不产生手部疲劳。

为了减少边角料的产生,盖托采用紧密排布,相邻两个肩托 31 中心之间的距离比肩托 31 直径大 1～3 mm。

为了使负极盖能顺利进入和退出盖托 3,同时又确保后续对位准确,肩托 31 和底托 32 的直径分别比电容器负极盖的肩部和底部直径大 0.05～0.15 mm。

为了使负极盖能与盖托 3 紧密贴合,同时又不影响后续工序的操作,肩托 31 和底托 32 的高度分别等于电容器负极盖的肩部和底部高度。

盖托 3 底部有与底托 32 同心的装配孔 33,后续工序中,工装夹具可以穿过装配孔 33,吸取负极盖进行后续装配。

盘体 1 长度方向两端顶部各有 1 个盘肩 4,底部各有 1 个盘脚 5,盘肩 4 和盘脚 5 配合使用,可以实现托盘的垒叠。盘肩 4 高度为 0.5～1 mm,盘脚 5 高度为 1～3 mm。当多块托盘垒叠时,相邻两块托盘的上面托盘的盘体 1 底部与下面托盘的盘体 1 顶部间存在间隙,便于托盘间的相对移动,也方便托盘垒叠和够取。

盘体 1 上有 4 个对称分布的定位孔,用于冲片、点胶、注液等工序中极片的对位。

实际使用中,通过特定装置一次性将多个负极盖整体安放到托盘的各个盖托 3,后续点胶、冲片、压片、注液等工序都可以整盘一次性完成。负极盖的转移既可以整盘转移,也可以将托盘垒叠起来后整体转移。

正极壳托盘可以采用与负极盖托盘相似的原理进行设计。

(2) 壳盖组立

从上述负极盖托盘可以看出,托盘上有大量紧密排列的盖托,如果采用手工方式将负极盖逐个放入盖托将会极其费时费力,而且也容易出现移位,导致后续组装过程难以精确对位。因此,高效的组立装置就显得非常重要而且迫切。为此,我们设计了正极壳和负极盖的组立装置。此处以 1120 型负极盖为例,说明其组立装置的结构和组立方法。

图 6.6 和图 6.7 为超级电容器负极盖组立装置结构示意图,其中,1-组立板,2-刮刀,3-组立区,4-组立位,5-组立柱,6-组立肩,7-组立槽,8-刀体,9-刀把。

组立装置主要包括组立板 1 和刮刀 2。组立板 1 由电木制作,机械强度高,并具有良好的绝缘性、耐热、耐腐蚀性能。组立板 1 长度为 306 mm,宽度为 249.8 mm,厚度为 10 mm。

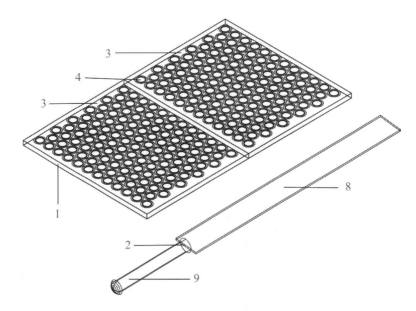

图 6.6　负极盖组立装置整体结构示意图

组立板 1 有两个对称分布的组立区 3。每个组立区 3 对应于后续生产中一块负极盖托盘,这样整块组立板 1 可以一次性组立两块负极盖托盘对应的负极盖。

组立位 4 的作用是筛选和组立负极盖,每个组立位 4 能且只能组立一个倒立的负极盖,正立的负极盖无法嵌入组立位 4。每个组立区 3 具有 127 个呈对称紧密分布的组立位 4,整块组立板 1 具有两个组立区 3,从而具有 254 个组立位。

为了能按倒立方向筛选负极盖并使每个组立位 4 能且只能组立一个负极盖。组立位 4 设计成包括组立柱 5、组立肩 6 和组立槽 7。纽扣式超级电容器负极盖的结构呈顶部外翻的碗状,组立负极盖时,负极盖倒立嵌入组立位 4,其底部被组立柱 5 支撑,颈部被组立肩 6 支撑,而外翻的顶部正好嵌入组立槽 7,正立的负极盖无法进入组立位 4,已被负极盖占据的组立位 4 也无法再次嵌入

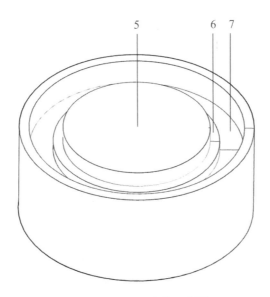

图 6.7　组立位结构示意图

负极盖。

为了实现对负极盖的准确组立,设计组立柱 5 直径为 7.5 mm,高度为 0.83 mm,组立肩 6 宽度为 0.5 mm,高度为 0.52 mm,组立槽 7 宽度为 1.25 mm, 深度为 0.52 mm。

刮刀 2 的作用是将组立板 1 表面多余的负极盖刮离。刮刀 2 包括刀体 8 和刀把 9。刀体 8 由不锈钢制成,呈长方体状,长度为 280 mm,高度为 30 mm, 厚度为 2 mm,刀把 9 由实木制成,呈圆柱状,长度为 100 mm,直径为 16 mm。 实际操作时,只需手握刀把 9,将刀体 8 的厚度面紧贴组立板 1 表面,从一端刮 到另一端,即可将多余的负极盖刮离组立板 1 表面。

组立过程:往一个宽口塑料盒内倒入大量负极盖,将组立板 1 有组立位 4 的一面朝上插入塑料盒,使组立板 1 表面堆积数量众多的负极盖。保持组立板 1 处于水平状态,沿前后左右四个方向快速移动组立板 1。处于倒立状态的负 极盖将嵌入组立位 4,而处于正立状态或多余的负极盖将保留在组立板 1 表面。 用刮刀 2 将组立板 1 表面多余的负极盖刮入塑料盒。再次将组立板 1 插入塑 料盒,重复上面的过程,对空余的组立位 4 进行负极盖组立。反复数次,直到所 有组立位 4 全部组立完成,整个过程耗时几十秒。每个组立区 3 对应于一块超 级电容器生产时负极盖托盘,每次可以组立两块负极盖托盘需要的负极盖,组 立效率高。

正极壳的组立装置可以采用类似的方法设计,其组立过程也类似。

（3）壳盖转移

在壳盖组立到组立板上之后,还需要将其转移到壳盖托盘。壳盖在组立板上是以倒扣的方式组立的,所以在将壳盖转移到托盘上时还需要将其正立过来。最直接的做法是把托盘有壳盖放置位的一面朝下放置到组立板上,并使组立板的壳盖组立位与托盘的壳盖放置位对齐,然后将托盘和组立板整体翻转,使壳盖从组立板落入托盘。这种方法的缺点是明显的。首先,在没有定位工具的情况下,托盘和组立板难以准确对位,而组立板的组立位之间和托盘的放置位之间的空隙都非常小,如果不能准确对位,将导致上下板翻转后,壳盖难以从组立板准确落入托盘上对应位置。其次,在没有辅助工具的情况下,将组立板和托盘整体翻转的过程中,上下板之间很容易发生水平相对位移,导致对位不准确,甚至可能发生竖直相对位移,使上下板相互脱开,导致壳盖倾洒。为此,我们开发设计了壳盖转移装置。

图 6.8 和图 6.9 为壳盖转移装置结构图,其中,1-底盒,2-顶盒,3-底板,4-顶板,5-长下侧板,6-长上侧板,7-短下侧板,8-短上侧板,9-外扣合台阶,10-内扣合台阶,11-装板缺口,12-取板缺口,13-内限位挡边。

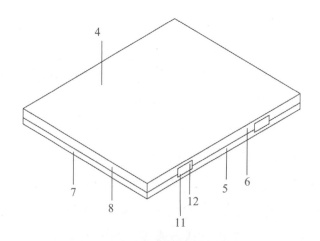

图 6.8 壳盖转移装置结构示意图

纽扣式超级电容器壳盖转移装置包括底盒 1 和顶盒 2。底盒 1 和顶盒 2 可以无缝扣合。

底盒 1 由底板 3、长下侧板 5 和短下侧板 7 构成。顶盒 2 由顶板 4、长上侧板 6 和短下侧板 8 构成。

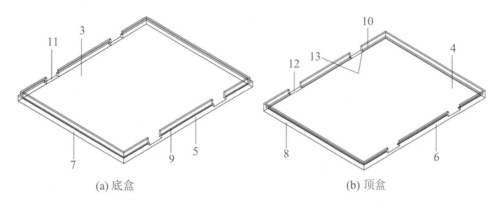

(a) 底盒　　　　　　　　　　　　(b) 顶盒

图 6.9　壳盖转移装置底盒和倒置状态顶盒结构示意图

长下侧板 5 和短下侧板 7 均有 L 形外扣合台阶 9,所有外扣合台阶 9 在底盒 1 的顶部外侧围成一个外扣合台阶框,以实现与顶盒 2 的扣合。

长下侧板 5 具有 2 个对称分布的装板缺口 11,装板缺口 11 的作用是便于手指通过缺口将所握持的组立板或者托盘放入底盒 1。装板缺口 11 的底部与底板 3 的上表面平齐,顶部与长下侧板 5 顶部平齐。

长上侧板 6 和短上侧板 8 均有倒 L 形内扣合台阶 10,所有内扣合台阶 10 在顶盒 2 底部内侧围成一个内扣合台阶框,以实现与底盒 1 的扣合。

长上侧板 6 具有 2 个对称分布的取板缺口 12,取板缺口 12 的作用是便于手指通过缺口将所握持的组立板或者托盘从顶盒 2 取出。取板缺口 12 的顶部与顶板 4 的下表面平齐,底部与长下侧板 6 底部平齐。

长上侧板 6 和短上侧板 8 均有内限位挡边 13,所有内限位挡边 13 在顶盒 2 紧贴顶板 4 的部位形成一个内限位挡边框,当顶盒 2 与底盒 1 扣合时,托盘高出底盒 1 的部分将伸入内限位挡边框,这样可以防止在壳盖转移装置翻转后,将底盒 1 从顶盒 2 抽出时,托盘发生移位,甚至翻转,导致壳盖移位或倾洒。

壳盖转移装置的使用方法如下:

将底盒 1 平放于工作台。两手握持已经组立有壳盖的组立板从处于对角位的两个装板缺口 11 装入底盒 1,此时,组立板的底部与底板 3 贴合,组立板的各侧面与长下侧板 5 和短下侧板 7 的内侧面贴合。

将两块托盘有壳盖放置位的一面朝下分别通过两对正对的装板缺口 11 放置到组立板上方,此时,两块托盘除一个侧面与对方贴合外,其余各侧面在底盒 1 深度以内均与长下侧板 5 和短下侧板 7 的内侧面贴合,这样可以实现组立板与托盘的准确对位。此时,托盘在厚度方向还有部分高出顶盒 1。

将顶盒 2 置于底盒 1 上方并部分套住底盒 1。此时,顶盒 2 的内扣合台阶 10 所围成的倒 L 形内扣合台阶框将底盒 1 的外扣合台阶 9 所围成的 L 形外扣合台阶框紧密嵌套于内部。向下按压顶盒 2,直到顶盒 2 与底盒 1 无缝扣合。此时,托盘高出底盒 1 的部分将嵌入顶盒 2 的内限位挡边 13 所围成的内限位挡边框内,并且托盘的顶部与顶盒 2 的顶板 4 的下表面贴合。

将壳盖转移装置倒置,平放于工作台,然后用橡皮锤轻轻敲击底盒 1 的底板 3,使壳盖从组立板完全落入托盘。

利用底盒 1 和顶盒 2 上面的缺口,将底盒 1 抽离顶盒 2。由于内限位挡边 13 的存在,底盒 1 抽离过程中,托盘不会发生移位,也不会发生翻转。

按照前述相同的方法,利用顶盒 2 上面的取板缺口 12 将组立板和托盘从顶盒 2 取出,完成壳盖从组立板到托盘的转移。

9. 导电胶涂覆

为了减小电极片与不锈钢壳盖之间的接触电阻,通常使用导电胶将电极片粘接到不锈钢壳盖内表面。此工序的另一个目的是将电极片固定在不锈钢壳盖上,防止后续工序中出现移位。

（1）导电胶搅拌

纽扣式超级电容器不锈钢壳盖涂胶过程中,导电胶很容易因固体颗粒沉淀而分层,因此生产过程需要不断搅拌导电胶。通常只需要将导电胶搅拌均匀,然后用涂胶柱从搅拌容器中蘸取导电胶涂覆到壳盖,但是这种方法的缺点是涂胶柱每次浸入导电胶的深度不同,导致每次的蘸胶量不同。蘸胶量过小,容易使电极片的部分区域没有覆盖导电胶,使电极片粘贴不牢固,从而使接触电阻变大;蘸胶量过大,一方面浪费导电胶,另一方面,多余的导电胶也将外露于电极片四周,影响外观。

如果能将导电胶搅拌均匀后再摊成一个固定厚度的薄层,则涂胶柱每次深入导电胶的厚度相同,从而每次的蘸胶量基本相同。对于一次性涂覆多个壳盖的阵列式涂胶头,这种做法尤其重要。阵列式涂胶头通常具有几十到上百个涂胶柱,这些涂胶柱的下表面位于一个平面上,如果事先能把导电胶摊开成一个薄层,则只需要把阵列式涂胶头自然放置在导电胶薄层上面,所有涂胶柱的蘸胶量将相同。如果能进一步使每次刮制的导电胶薄层的厚度都相同,则涂胶柱每次的蘸胶量相同,这样就可以提高涂胶工艺的一致性。为此我们设计了纽扣式超级电容器导电胶搅拌装置,该装置可以在搅拌导电胶的同时,在搅拌盒底板的平台上刮制出一个厚度可调的导电胶薄层。

图 6.10～图 6.14 为导电胶搅拌装置结构示意图,其中,1-底板,2-侧板,3-夹板,4-刮刀,5-顶板,6-弹簧,7-导轨,8-滑块,9-连杆,101-平面,102-斜面,103-平台,104-侧槽,301-夹板板体,302-横梁,303-刮齿,304-夹板固定螺孔,305-限位螺孔,401-刀体,402-端脚,403-刮刀弹簧槽,404-限位槽,501-顶板板体,502-顶板固定螺孔,503-顶板弹簧槽。

图 6.10 为导电胶搅拌装置立体图。纽扣式超级电容器导电胶搅拌装置包括搅拌盒、搅拌头和传动组件。传动组件位于搅拌盒的外围,包括导轨 7、滑块 8 和连杆 9。导轨 7 的作用是使搅拌头在搅拌盒内移动时,只沿搅拌盒长度方向运动,不发生宽度和高度方向位移。滑块 8 紧贴导轨 7,套在导轨 7 外围。连杆 9 底部连接滑块 8,顶部连接夹板 3 的横梁 302。滑块 8 连接外部气缸的活塞杆,压缩空气驱动活塞杆做往复运动时,滑块 8 将通过连杆 9 推动搅拌头做往复运动。

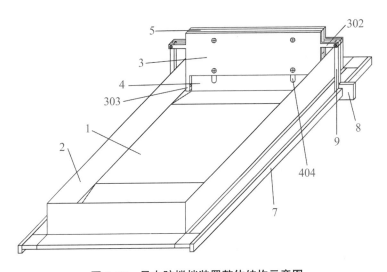

图 6.10　导电胶搅拌装置整体结构示意图

搅拌盒包括底板 1 和四周的侧板 2。图 6.11 和图 6.12 分别为搅拌盒的底板右视图和顶视图。为了使刮刀 4 能平滑地移动到平台 103,底板 1 长度方向平台 103 两侧设计有斜面 102。斜面 102 外侧设计有平面 101,作为导电胶搅拌的主要区域。为了让平台 103 两侧的导电胶互相混合,底板 1 宽度方向,平台 103 和斜面 102 两侧设计有侧槽 104 作为导电胶流动的通道。

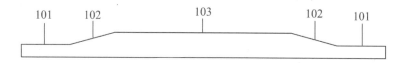

图 6.11　导电胶搅拌装置搅拌盒底板右视图

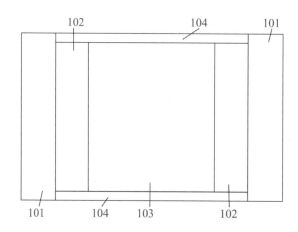

图 6.12　导电胶搅拌装置搅拌盒底板顶视图

搅拌头为三明治结构，外侧为完全相同的两块夹板 3，中间层从上往下依次为顶板 5、弹簧 6 和刮刀 4。

图 6.13 为搅拌头的夹板前视图。夹板 3 的主体部分为夹板板体 301。夹板 3 两端为横梁 302，用来连接连杆 9，推动搅拌头运动。夹板 3 上部为两个夹板固定螺孔 304，用来固定两侧夹板 3 和中间的顶板 5。夹板 3 中部为两个限位螺孔 305，用来连接刮刀 4，保持夹板 3 和刮刀 4 之间的相对位置。夹板 3 底部两端为刮齿 303，用来搅拌底板 1 侧槽 104 内的导电胶。

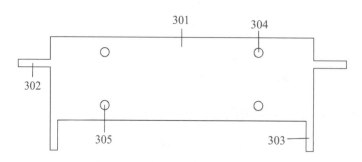

图 6.13　导电胶搅拌装置夹板前视图

图 6.14 为搅拌头中间层前视图。顶板 5 包括顶板板体 501,顶部的顶板固定螺孔 502 和底部的顶板弹簧槽 503。顶板固定螺孔 502 与夹板固定螺孔 304 通过螺栓固定。弹簧 6 的作用是给刮刀 4 施加足够的压力,使刮刀 4 的端脚 402 能始终贴着底板 1 的上表面运动。弹簧 6 的顶部嵌入顶板弹簧槽 503 内。

刮刀 4 厚度与顶板 5 相同,包括刀体 401、顶部的刮刀弹簧槽 403、中部的限位槽 404 和底部两端的端脚 402。弹簧 6 的底部嵌入刮刀弹簧槽 403,刮刀弹簧槽 403 与顶板弹簧槽 503 上下对齐。刮刀 4 中部的限位槽 404 通过螺栓与夹板 3 的限位螺孔 305 连接。限位槽 404 在防止刮刀 4 发生左右位移的同时,限定了刮刀 4 允许发生的上下位移。刮刀 4 两端的端脚 402 的高度决定了导电胶薄层的厚度,导电胶薄层厚度等于端脚 402 的高度,因此调整端脚 402 的高度就可以调整导电胶薄层的厚度。

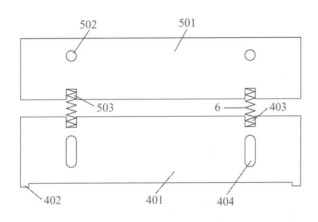

图 6.14　导电胶搅拌装置搅拌头中间层前视图

导电胶搅拌装置的基本工作原理是:以外部气缸作为动力源,两侧滑块 8 连接到外部气缸的活塞杆,活塞杆驱动滑块 8 推动搅拌头沿搅拌盒长度方向做往复运动。搅拌时,先往搅拌盒倒入一定量的导电胶,导电胶高度不超过底板 1 平台 103 高度的一半。搅拌头从搅拌盒一端移动到另一端的过程中,刮刀 4 依次刮过平面 101、斜面 102、平台 103、斜面 102 和平面 101。此过程中,当刮刀 4 下表面位于导电胶上表面以下时,刮刀 4 的主要作用是搅拌导电胶;当刮刀 4 下表面超过导电胶上表面时,刮刀 4 则利用其下表面和端脚 402 之间的空隙将刮刀 4 移动中借助惯性推到平台 103 上的导电胶刮制成一个薄层。

（2）导电胶涂覆

超级电容器生产初期，生产企业通常采用毛笔等软体工具对壳盖逐个涂胶。由于毛笔每次蘸胶量差别较大，导致不同壳盖涂胶厚度不同，而且涂胶形状不规则，经常出现涂胶范围超出电极片或部分电极片覆盖区域没有涂覆导电胶的现象。

为了克服毛笔涂胶的不足，很多企业改用小圆柱体形状的塑料或者金属涂胶柱进行涂胶。由于导电胶重力的作用，蘸胶量过大时，过量的导电胶将从涂胶柱掉落，因此涂胶柱每次蘸胶量差别比毛笔小，而且由于涂胶柱底面为圆形，涂覆在壳盖上的导电胶形状也基本为圆形。不过，这种方法的缺点是每次只能给一个壳盖涂胶，而且涂胶过程定位困难，难以保证涂胶中心与壳盖中心重合。另外，手工涂胶用力难以保证涂胶柱竖直，涂胶柱容易发生侧滑。

为解决上述问题，我们设计了一种纽扣式超级电容器外壳涂胶工具，该工具可以一次性给整个托盘内数十个，甚至上百个壳盖涂胶，涂胶过程将另外借助定位底座。

图 6.15 和图 6.16 为纽扣式超级电容器壳盖涂胶装置结构示意图，其中，1-涂胶柱，2-固定板，3-内把手，4-顶板，5-底板，6-定位螺栓，7-外把手，8-脱壳孔，9-沉头螺母，10-弹簧。

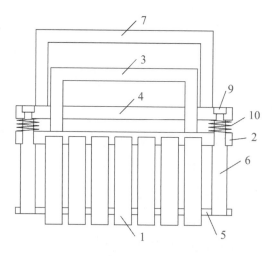

图 6.15　纽扣式超级电容器壳盖涂胶工具前视图

图 6.15 为纽扣式超级电容器壳盖涂胶工具前视图。涂胶工具包括涂胶体和定位架，其特征在于涂胶体包括涂胶柱 1、固定板 2 和内把手 3，定位架包括

顶板 4、底板 5、定位螺栓 6 和外把手 7。

　　涂胶柱 1 蘸取的导电胶在涂覆到壳盖上时,由于涂胶工具的压力作用,导电胶涂覆直径将比涂胶柱 1 直径略大,因此设计涂胶柱 1 直径为电极片直径的80％～85％,这样涂胶直径就接近电极片直径。如果涂覆直径太小,电极片将有部分区域未被粘贴;如果涂覆直径太大,导电胶将超出电极片,浪费导电胶。

　　由于涂胶工具需要一次性给托盘上物料孔内所有壳盖涂覆导电胶,因此涂胶柱 1 的数量和位置排布必须与物料孔的数量和位置排布相同。

　　固定板 2 主要用来固定涂胶柱 1。固定板 2 的下表面中心区域具有涂胶柱 1 的连接孔,连接孔的数量和位置排布与物料孔的数量和位置排布相同。固定板 2 上表面连接内把手 3,内把手 3 的作用在于当涂胶完成后,单手同时握持内把手 3 和外把手 7,手指用力向上提内把手 3,则点胶柱 1 向上移动,脱离壳盖。固定板 2 的四角穿有定位螺栓 6,定位螺栓 6 可以使涂胶体和定位架保持相对位置,进而借助定位底座实现涂胶体与托盘的准确对位。

　　图 6.16(a)纽扣式超级电容器壳盖涂胶工具仰视图为本实用新型底板仰视图。底板 5 有数量和位置排布与涂胶柱 1 数量和位置排布相同的脱壳孔 8。脱壳孔 8 的作用是在涂胶完成后,涂胶柱 1 往上移动到底板 5 下表面位置时,将部分被涂胶柱 1 黏起的壳盖将由于脱壳孔 8 的阻挡作用而与涂胶柱 1 分离,并落入托盘中原来的位置。底板 5 的四角各有一个定位螺孔 A 用于连接定位螺栓 6。

　　顶板 4 利用四角四个定位螺孔 B 通过定位螺栓 6 与底板 5 连接,维持定位架的稳定结构。顶板 4 上表面连接外把手 7,外把手 7 用来提取和移动整个涂胶工具。图 6.16(b)涂胶工具俯视图。图中 C 为外把手 7 在顶板 4 的安装位置。内把手 3 侧壁利用顶板 4 中部两个对称的通孔 D 穿过顶板 4。

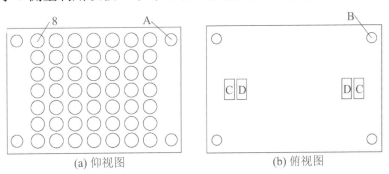

(a) 仰视图　　　　　　　　　　(b) 俯视图

图 6.16　纽扣式超级电容器壳盖涂胶工具仰视图和俯视图

定位螺栓 6 为三段式结构,从下往上直径依次缩小。定位螺栓 6 下段最下端通过螺纹与底板 5 固定。固定板 2 被限位于定位螺栓 6 中间段。定位螺栓 6 上段用来固定顶板 4,定位螺栓 6 顶部连接沉头螺母 9。沉头螺母 9 可以使顶板 4 上表面平整、美观。

定位螺栓 6 中间段顶板 4 和固定板 2 之间套有弹簧 10。弹簧 10 强度满足当整个涂胶工具自然放置时,定位架不发生向下位移,弹簧 10 长度满足当弹簧 10 被压缩到极限长度时,涂胶柱 1 下表面位于底板 5 的上下表面之间。

涂胶基本过程是:将盛放有壳盖的托盘放入定位底座底部,将本书所述涂胶工具放在导电胶刮胶平台所刮制的导电胶薄层上,使涂胶柱 1 蘸取导电胶,将涂胶工具嵌入定位底座并与托盘对齐,向下移动涂胶工具并将其自然放置在托盘上,使导电胶涂覆到壳盖上,单手同时握持外把手 7 和内把手 3 的握把,手指向上用力,使内把手 3 向上移动到上限位置,此时涂胶柱 1 的下表面将位于底板 5 的上下表面之间。在涂胶柱 1 向上运动的过程中,由于导电胶的黏力作用,部分壳盖将被涂胶柱 1 提起,但是壳盖移动到底板 5 的下表面位置时将被底板 5 挡住而与涂胶柱 1 分离并重新落入托盘的原来位置,至此,整块托盘的涂胶过程完成。正极壳和负极盖涂胶过程采用相同的涂胶工具。

10. 极片冲压

(1) 冲片

极片冲压过程包括冲片和压片前后两个连续的过程。涂胶完成后,将涂有导电胶的正极壳或负极盖托盘放置到冲片模具底部,随后将方形电极片放入托盘上方冲片模具的卡槽内,冲片模具的冲头和冲孔的数量和排列方式要求与托盘的孔位数量和排列方式对应,这样一个托盘的所有电极片的冲制可以通过一个冲片动作完成。

(2) 压片

冲片过程完成后,电极片落入人工托盘内壳盖底部的导电胶涂层上。超级电容器生产初期,很多生产企业在电极片覆盖到导电胶上面后,不进行按压就直接放入烤箱干燥,这样做的缺点是显著的。首先,导电胶涂在外壳上后,胶体高低不平,导致电极片粘贴不平整。其次,电极片与胶体的接触面积偏小,影响粘贴效果和导电性能。再次,电极片和外壳之间存在空隙,占用本来就很狭小的电容器内部空间。

随着工艺的改进,很多企业在电极片覆盖到导电胶上面后再用类似于小圆柱体的工具对电极片逐个按压,这有利于改善粘贴效果。但是这种做法还是存在明显不足。首先,逐个按压电极片工作量大,耗时费力。其次,难以保证每次按压时压力大小相同。再次,在没有定位工具的情况下,按压力难以保持竖直方向,从而容易导致电极片发生侧向移位,为解决这一问题,我们设计了超级电容器电极片按压工具。

图 6.17 和图 6.18 为电极片按压工具结构图。其中,1-压片柱,2-固定板,3-把手,4-底板,5-限位侧板,6-限位背板,7-限位挡边。

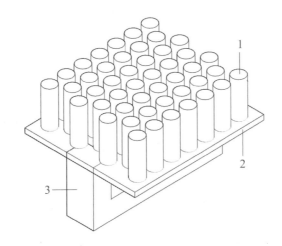

图 6.17　压头结构示意图

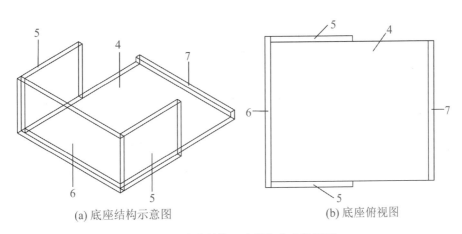

(a) 底座结构示意图　　　　　　　　(b) 底座俯视图

图 6.18　底座结构示意图和底座俯视图

超级电容器电极片按压工具包括压头和底座。压头的作用是按压电极片;底座的作用是对托盘和压头进行限位,实现二者的准确对位。压头包括压片柱 1、固定板 2 和把手 3。底座包括底板 4、限位侧板 5、限位背板 6 和限位挡边 7，底座中各板材之间的位置关系如图 6.18(b) 所示。

压片柱 1 直径与电极片直径相等。直径过大，压片柱 1 容易碰到外壳边缘；直径过小，容易导致电极片边缘上翘，使电极片粘贴不平整。

由于每个压片柱 1 与托盘中一个电极片对应，因此压片柱 1 的数量必须与托盘上物料孔的数量相同，压片柱 1 的排列方式也必须与物料孔的排列方式相同。通常，托盘有几十个物料孔，因此压头也有几十个压片柱 1，可以一次按压几十个电极片。

底板 4 的长度和宽度与托盘的长度和宽度分别相等，这样托盘可以完整地放入底座。

固定板 2 的长度和宽度也与托盘的长度和宽度分别相等，这样可以利用底座来限位，使得压片柱 1 与托盘孔位准确对齐。

限位挡边 7 的内侧高度等于托盘的厚度，这样可以根据限位挡边 7 的顶部是否与托盘上表面平齐来判断托盘是否与底板 4 贴紧。因为悬空的托盘不利于电极片的按压。

限位侧板 5 和限位背板 6 的顶部在压头下行到最低位时与固定板 2 上表面平齐，这样可以根据二者是否平齐来判断压头是否下行到位。

限位侧板 5 的长度比底板 4 长度小 70 mm，所形成的缺口方便工人将握持的托盘放置到底座上或者从底座上取下来。

按压电极片的操作方法如下：单手握持托盘，将其通过限位侧板 5 比底板 4 短的部位放置到底板 4 上，托盘的一个宽度方向侧面被限位挡边 7 限位，另一个宽度方向侧面被限位背板 6 限位，两个长度方向侧面被 2 块限位侧板 5 限位。按照压片柱 1 朝下的方向将压头嵌入底座，并使固定板 2 长度方向的两个侧面与两限位侧板 5 贴合，宽度方向的一个侧面和限位背板 6 贴合，此时压头与托盘准确对齐。朝下移动压头到最低位，并将压头停放在电极片上 2～3 s，利用压头的自重完成对电极片的按压。

11. 极片干燥

极片完成冲压后，转移到真空干燥箱内进行彻底干燥。真空干燥之前，所有工序在自然环境下进行。从真空干燥开始到电容器封口的工序均要求在氧含量和水含量很低的环境中进行，尤其是水分含量要求控制在露点为 −60 ℃

以下。这个过程可以在干燥房内进行,但是干燥房需要配备大功率转轮除湿机,而且转轮除湿机的电能消耗非常大。为了降低设备成本和电力成本,这个过程也可以在工业手套箱内进行,本研究即采取工业手套箱的方式进行生产。

真空干燥在真空干燥箱内进行。真空干燥箱连接自动真空系统,当真空系统的真空度达到设定的真空下限时,真空系统将自动启动,进行抽真空,直到达到设定的真空上限。干燥过程中,设定真空干燥箱周期性与真空系统进行置换,提高干燥效率。

电极片在完成真空干燥后,通过过渡仓转移入手套箱,进行后续工序。

12. 电解液滴注

电极片进入手套箱后的第一个工序即为注液。也就是给电极片滴注一定量的电解液。

纽扣式超级电容器生产初期,电极片注液通常是利用注液器,通过手工送料和手动控制注液器的方式对电极片逐个注液。由于手工送料速度较慢,因此注液效率低。随着技术的发展,送料和注液逐渐全部由机器自动完成,这种注液方式相比于全手工方式,效率大为提高。但是即便是采用自动化方式,由于每个注液器一次只能给一个电极片注液,而且每个机械手一次也只能抓取一个电极片,如果只采用一套机器进行,生产效率也相对低。要提高生产效率,就必须使用众多注液器和机械手,设备投入成本高。生产企业亟须一套注液效率高,制作成本低,操作方便的注液装置。为配合前面设计的托盘生产模式,我们设计了配套的纽扣式超级电容器注液装置。

图 6.19～图 6.22 为注液装置相关结构示意图,其中,1-注液盒,2-盖板,3-底盒,4-排气盒,5-注液底座,6-主液罐,7-二级液罐,8-胶管,9-阀门,10-注液泵,11-脚踏阀,201-凸台,202-盖板内侧螺孔,203-盖板外侧螺孔,301-底盒平台,302-底盒垫圈,303-注液针,304-底盒螺孔,401-排气盒平台,402-排气盒垫圈,403-排气盒螺孔,501-限位挡板,502-底座平台,503-底座螺孔,504-限位挡边,701-回收漏斗,801-二级罐进气管,802-二级罐加液管,803-二级罐排气管,804-注液盒灌液管,805-注液盒回收液管,806-注液盒注液管,807-主罐进气管,808-液泵注液管,809-液泵进气管,810-液泵排气管,811-脚阀进气管,901-二级罐进气管阀门,902-二级罐加液管阀门,903-二级罐排气管阀门,904-注液盒灌液管阀门,905-注液盒回收液管阀门,906-注液盒注液管阀门,907-主罐进气管

阀门，908-回收漏斗阀门。

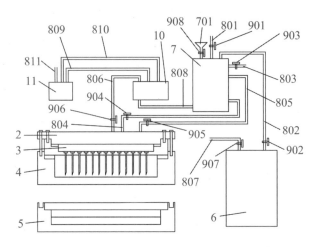

图 6.19　注液装置结构示意图

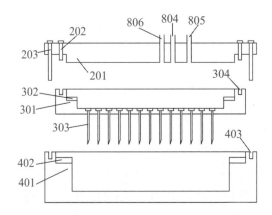

图 6.20　注液装置盖板、底盒和排气盒结构示意图

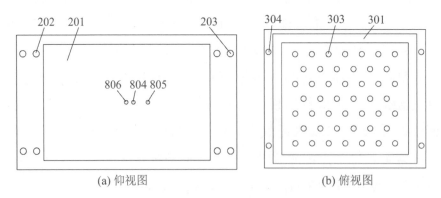

(a) 仰视图　　　　　　　　(b) 俯视图

图 6.21　注液装置盖板仰视图和底盒俯视图

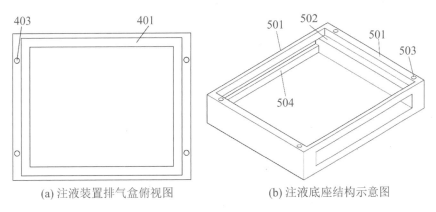

(a) 注液装置排气盒俯视图   (b) 注液底座结构示意图

图 6.22 注液装置排气盒俯视图和注液底座结构示意图

纽扣式超级电容器注液装置包括注液组件、控制组件、储液组件和管道组件,注液组件包括注液盒 1、排气盒 4 和注液底座 5,控制组件包括注液泵 10 和脚踏阀 11,储液组件包括主液罐 6 和二级液罐 7,管道组件包括胶管 8 和阀门 9。除脚踏阀 11 外,本装置所有部件均位于手套箱内部。

注液盒 1 包括顶部的盖板 2 和底部的底盒 3,所述盖板 2 底部有一个凸台 201,长度方向两端分别有盖板内侧螺孔 202 和盖板外侧螺孔 203,顶部连接有注液盒注液管 806,注液盒注液管 806 另一端连接注液泵 10,注液时,电解液从注液泵 10 注入注液盒 1,再通过注液针 303 滴到电极片表面。盖板 2 顶部还连接有注液盒灌液管 804,该胶管的另一端连接到二级液罐 7,用于将电解液从二级液罐 7 快速灌注到注液盒 1。因为注液盒 1 内腔空间较大,如果依靠注液泵 10 灌满注液盒 1,必然需要很长时间,而且也会加大注液泵 10 的磨损。盖板 2 顶部还连接有注液盒回收液管 805,该管另一端也连接二级液罐 7,用于将灌液过程中超量灌入注液盒 1 的电解液回收到二级液罐 7。

底盒 3 内腔四周有支撑凸台 201 的底盒平台 301。底盒 3 底部为阵列状对称排列的注液针 303。注液针 303 的数量有数十个,可以一次性给数十个电极片注液。底盒 3 长度方向两端为与盖板内侧螺孔 202 对应的底盒螺孔 304。底盒平台 301 上方有底盒垫圈 302。

注液盒 1 在注液前要先进行排气,本装置设计有排气盒 4 来配合注液盒 1 排气。排气盒 4 内腔四周有支撑注液盒 1 底部的排气盒平台 401,长度方向两端有连接盖板外侧螺孔 203 的排气盒螺孔 403,所述排气盒平台 401 上方有排气盒垫圈 402。

排气完毕后,需要将注液盒 1 从排气盒 4 上卸载,安装到注液底座 5 顶部,并在注液底座 5 底板上放置物料板进行注液。注液底座 5 四周为限位挡板501,用以辅助注液盒 1 与物料板对位。注液底座 5 长度方向两端限位挡板 501上有连接盖板外侧螺孔 203 的底座螺孔 503。注液底座 5 长度方向两端内侧有支撑注液盒 1 的底座平台 502,宽度方向一端有限位挡边 504。限位挡边 504用于对物料板的宽度边进行限位。

注液泵 10 用于每次将特定量的电解液通过注液盒注液管 806 注入注液盒 1。液泵注液管 808 两端分别连接注液泵 10 和二级液罐 7。注液泵 10 的注液动作通过脚踏阀 11 控制。注液泵 10 和脚踏阀 11 之间连接有液泵进气管 809 和液泵排气管 810。脚踏阀 11 上还连接有脚阀进气管 811,该管另一端用于接入来自空压机的压力空气。

主液罐 6 用于存储可供多个工作日使用的电解液。二级罐加液管 802 连接主液罐 6 和二级液罐 7。主液罐 6 连接还连接有主罐进气管 807,该管另一端连接高纯氮气,用于为主液罐 6 向二级液罐 7 加液时提供压力。

二级液罐 7 连接有回收漏斗 701,用于将注液盒 1 排气过程中灌入排气盒 4中的电解液倒入二级液罐 7。二级液罐 7 还连接有二级罐进气管 801 和二级罐排气管 803,前者另一端外接高纯氮气,用于为二级液罐 7 给注液盒 1 灌液时提高压力;后者另一端直接排入手套箱,用于主液罐 6 给二级液罐 7 加液时排气和二级液罐 7 给注液盒 1 灌液时排气。给注液盒 1 灌液过程中,其内部的气体和部分电解液将进入二级液罐 7,二级罐排气管 803 将进入其中的气体排出罐外,而将电解液保留在罐内。

注液装置的具体操作过程如下:

二级液罐 7 灌液。打开主罐进气管阀门 907、二级罐加液管阀门 902 和二级罐排气管阀门 903,电解液在氮气压力下由主液罐 6 流入二级液罐 7。灌液完成后关闭上述所有阀门。

注液盒 1 灌液和排气。将注液盒 1 和排气盒 4 组装好,打开二级罐进气管阀门 901、注液盒灌液管阀门 904、注液盒回收液管阀门 905 和二级罐排气管阀门 903,电解液从二级液罐 7 流入注液盒 1,同时有部分电解液流入排气盒 4。当注液盒 1 内部完全看不见气泡时,灌液和排气过程完成。将注液盒 1 从排气盒 4 顶部卸载,安装到注液底座 5 顶部,打开回收漏斗阀门 908 将排气盒 4 内的电解液倒入二级液罐 7,然后关闭本过程打开的所有阀门。

电极片注液。将盛放有电极片的物料板放入注液底座 5 的底板上方,打开注液盒注液管阀门 906 和二级罐排气管阀门 903,用脚轻踏脚踏阀 11,电解液从二级液罐 7 吸入注液泵 10,注入注液盒 1,并从注液针 303 滴到整个物料板的电极片上。每踏一次脚踏阀 11 可以给一块物料板的电极片注液。注液完成后关闭本过程打开的所有阀门。

注液盒 1 内电解液短时间保存。一个注液时间段完成后,如果距离下一个注液时间段大于 0.5 h 而小于 4 h,可以将注液盒 1 安装回排气盒 4,防止注液盒 1 内的电解液被手套箱内气体污染。下一次注液可以直接将注液盒 1 安装到注液底座 5,而不必再进行排气操作。

13. 电解液含浸

电极片在完成注液后需要进行含浸,含浸的目的是使电解液在尽可能短的时间内充分浸润电极,以提高电极容量。由于超级电容器电极片的压实密度高,依靠电解液自然渗透需要很长时间才能充分浸润电极。如果不进行含浸就扣合和封口,则封口过程中,未来得及渗透入电极片的电解液将会被挤出,一方面导致电极电解液不足,另一方面挤压出来的电解液还会在封口模具上结晶,影响封口工序的顺利进行。

含浸的基本操作是将注液后的托盘放入含浸箱,抽真空到一定真空度,然后静置一定时间。卸除真空后,取出托盘进行后续操作。为了节约时间,提高生产效率,含浸箱可以设计包含两个独立工作室的结构,其中一个工作室在进行装盘或者卸盘操作时,另一个工作室进行真空含浸。

14. 隔膜冲制

隔膜冲制工序是冲制圆形隔膜并覆盖到负极盖内的电极片上。隔膜直径大于电极片直径且略小于负极盖内径。隔膜落入负极盖内电极片上将吸附电极片上残余的电解液,可以在一定程度上起到防止隔膜移位的作用。隔膜冲制之前,先将其裁剪成与负极盖托盘尺寸相同的长方形,将负极盖托盘放入冲隔膜模具底部的卡槽内,隔膜放入模具上方的卡槽内,启动冲制按钮,阵列式冲头下行,冲制出数量众多的圆片隔膜并落入对应的负极盖内。

15. 密封圈组嵌

密封圈组嵌包括密封圈组立和密封圈嵌套两个过程。先将密封圈组立到密封圈托盘,然后再将整盘的密封圈嵌套到负极盖上面。

（1）密封圈组立

为了配合电容器的托盘生产模式,密封圈也采取托盘模式进行组立,并设计了相应的组立装置。图6.23～图6.31为装置相关部件的结构,其中,1-筛板,11-握持区,12-限位区,13-筛圈区,131-筛位,1311-板体,1312-环台,1313-圆台,1314-外槽,1315-内槽,1316-顶槽,2-翻转盒,21-底板,22-筛板限位框,221-筛板侧挡,222-筛板背挡,23-盘板限位框,231-盘板侧挡,232-盘板背挡,24-顶板,3-密封圈,31-顶环,32-内壁,33-外壁,4-密封圈托盘。

密封圈组立工序包括筛圈和密封圈翻转两个步骤。筛圈就是通过筛板1将密封圈3以正立状态嵌入筛圈区13的筛位131中。密封圈翻转就是使用翻转盒2将3个筛圈区13中处于正立状态的密封圈3翻转后装入密封圈托盘4的密封圈组立位内。

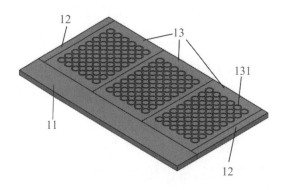

图6.23　筛板结构示意图

如图6.23所示,筛板1包括握持区11、2个限位区12和3个筛圈区13;握持区11用于筛圈过程中双手把持筛板1,使筛板1在水平面内做往复运动,同时用于密封圈3翻转过程中将筛板1插入和抽出翻转盒2。

限位区12主要用于筛板1插入翻转盒2过程中垂直方向的限位,防止筛板1插入翻转盒2而密封圈托盘4尚未插入翻转盒2时,筛板1发生倾斜。

筛板1设置有3个筛圈区13,这样可以一次性组立3块密封圈托盘4,尽最大可能地提高组立效率,同时又不至于因筛板1尺寸过大而不便于操作。筛圈区13长度和宽度与密封圈托盘4长度与宽度分别相同,这样后期翻转时,3个筛圈区13就能与3块密封圈托盘4准确对位。

筛板 1 最核心的部件是筛位 131。筛位 131 是密封圈 3 在筛板 1 上的嵌套位。筛位 131 确保密封圈 3 只能以正立状态嵌入，其他位置状态的密封圈 3 均无法嵌入，起对密封圈 3 位置状态进行筛选的作用。筛位 131 与密封圈托盘 4 上的密封圈组立位数量与排布方式相同，这样后期翻转时，筛位 131 内的密封圈 3 就能准确落入密封圈托盘 4 上的密封圈组立位内。

如图 6.24 和图 6.25 所示，筛位 131 包括板体 1311、环台 1312、圆台 1313、外槽 1314、内槽 1315 和顶槽 1316。

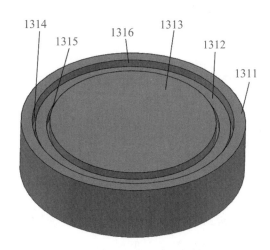

图 6.24　筛位结构示意图

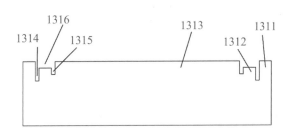

图 6.25　筛位剖面图

如图 6.26 和图 6.27 所示，密封圈 3 包括顶环 31、内壁(32)和外壁 33。

筛位 131 在对密封圈 3 进行位置筛选的过程中要求密封圈 3 能以正立状态嵌入筛位 131，且密封圈 3 的各部分结构能与筛位 131 的相应结构紧密贴合。

外槽 1314 用于嵌套密封圈 3 的外壁 33，因此，外槽 1314 宽度等于密封圈外壁 33 厚度，外槽 1314 深度等于密封圈外壁 33 高度。

图 6.26   密封圈结构示意图

图 6.27   正立状态密封圈径向剖面图

内槽 1315 用于嵌套密封圈 3 的内壁 32,因此,内槽 1315 宽度等于密封圈内壁 32 厚度,内槽 1315 深度等于密封圈内壁 32 高度。

顶槽 1316 用于嵌套密封圈 3 的顶环 31,因此,顶槽 1316 宽度等于密封圈顶环 31 的宽度,顶槽 1316 的深度等于顶环 31 的厚度。

环台 1312 用于支撑顶环 31 的底部,为了使顶环 31 上表面与筛板 1 上表面齐平,顶槽 1316 的深度还等于环台 1312 顶部与圆台 1313 顶部的高度差,并且圆台 1313 顶部与筛板 1 上表面齐平。

如图 6.28 和图 6.29 所示,翻转盒 2 从下往上依次包括底板 21、筛板限位框 22、盘板限位框 23 和顶板 24。

筛板限位框 22 包括筛板侧挡 221 和筛板背挡 222。筛板侧挡 221 之间的距离等于筛板 1 的长度,在长度方向对筛板 1 进行限位。筛板侧挡 221 和筛板背挡 222 的厚度等于筛板 1 的厚度,在厚度方向对筛板 1 进行限位。

盘板限位框 23 包括盘板侧挡 231 和盘板背挡 232。盘板侧挡 231 之间的距离密封圈托盘 4 宽度的 3 倍,这样可以在盘板限位框 23 插入 3 块密封圈托盘 4。盘板侧挡 231 和盘板背挡 232 的厚度等于密封圈托盘 4 的厚度,对密封圈托盘 4 在厚度方向进行限位。

为了使密封圈托盘 4 在插入翻转盒 2 后,长度方向仍有部分外露,便于翻

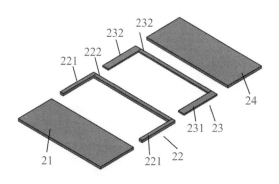

图 6.28　翻转盒各部件结构示意图

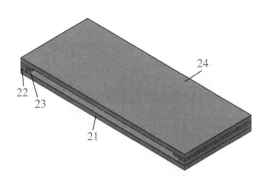

图 6.29　翻转盒整体结构示意图

转过程结束后,密封圈托盘 4 的抽取,筛板限位框 22 和盘板限位框 23 的内宽均小于密封圈托盘 4 的长度。

　　密封圈组立装置的具体操作方法:将筛板 1 有筛位 131 的一面朝上,往筛板 1 上倾洒一定量的密封圈 3,双手握持筛板 1 的握持区 11,在水平面内朝各方向快速往复移动筛板 1,处于正立状态的密封圈 3 将因为筛板 1 的往复移动而嵌入筛位 131,处于倒立或其他状态的密封圈 3 将不能嵌入。稍微倾斜筛板 1 使不能嵌入筛位 131 的密封圈 3 向下滑入密封圈收纳容器。再次往筛板 1 上倾洒密封圈 3,重复上面筛圈过程,直到筛板 1 上所有筛位 131 都嵌套有密封圈 3,完成筛圈过程。

　　将筛板 1 插入翻转盒 2 的筛板限位框 22(图 6.30),将 3 块空白密封圈托盘 4 有组立位的一面朝下,插入盘板限位框 23(图 6.31),此时 3 块密封圈托盘 4 将与筛板 1 的 3 个筛圈区 13 准确对位。将翻转盒 2 整体翻转,轻敲顶板 24,3 个筛圈区 13 的全部筛位 131 内密封圈 3 将以倒立状态全部落入 3 块密封圈托盘 4 的组立位内,完成密封圈 3 的组立过程。

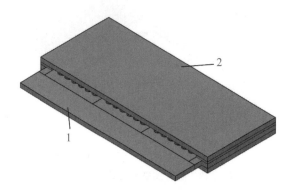

图 6.30　筛板和翻转盒位置关系图

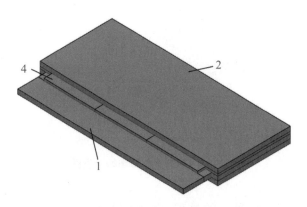

图 6.31　筛板、密封圈托盘与翻转盒位置关系图

（2）密封圈嵌套

在完成密封圈组立后,密封圈整齐地组立在密封圈托盘内。然后将整板的密封圈托盘与负极盖托盘对齐,并将密封圈嵌套到负极盖上,然后压实,完成密封圈的批量嵌套。

16. 正负极扣合

正负极扣合包括负极盖阵列翻转和负极盖阵列扣合两个步骤。

（1）负极盖阵列翻转

图 6.32～图 6.38 为负极盖阵列翻转装置结构图,其中,1-底板限位框,2-负极盘限位框,3-盖板限位框,4-底板,5-盖板,6-垂直限位框,7-水平限位框,8-负极盘,41-底板板体,42-限位条,43-底板把手,51-盖板板体,52-盖板平台,53-盖板把手。

负极盖阵列翻转装置从下往上依次包括底板限位框 1、负极盘限位框 2 和盖板限位框 3。其中,底板限位框 1 插有可推拉的底板 4,盖板限位框 3 插有可推拉的盖板 5。除底板 4 和盖板 5 外,所有部件的厚度均等于负极盘 8 的厚度。

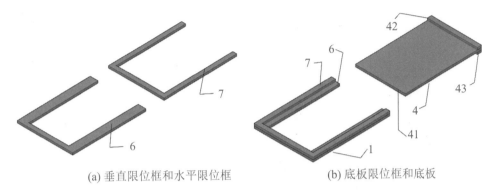

(a) 垂直限位框和水平限位框　　　　　　　(b) 底板限位框和底板

图 6.32　垂直限位框和水平限位框及底板限位框和底板

如图 6.32(a)所示,三种限位框均由垂直限位框 6 和水平限位框 7 构成。垂直限位框 6 的内长等于负极盘 8 长度,内宽等于负极盘 8 装料区的宽度,这样可以在垂直方向对底板 4、盖板 5 和负极盘 8 进行限位;水平限位框 7 的内长等于负极盘 8 长度,内宽等于负极盘 8 宽度,这样可以在水平方向对底板 4、盖板 5 和负极盘 8 进行限位。

如图 6.32(b)所示,对于底板限位框 1,垂直限位框 6 位于水平限位框 7 的下方。底板 4 由底板板体 41、限位条 42 和底板把手 43 构成。底板板体 41 的作用是承载负极盘 8;限位条 42 的作用是将负极盘 8 完全推送到位;底板把手 43 的作用是便于将底板板体 41 推入和拉出底板限位框 1。当底板 4 插入底板限位框 1 以后,底板板体 41 的下表面由垂直限位框 6 支撑,底板板体 41 的上表面与水平限位框 7 的上表面平齐。

图 6.33 为不同视角下,底板板体 41、限位条 42 和底板把手 43 的位置关系图。

如图 6.34(a)所示,对于负极盘限位框 2,垂直限位框 6 位于水平限位框 7 的上方。负极盘是用来盛放负极盖的工装盘,根据负极盖规格的不同,负极盘上有几十到上百个呈紧密阵列排布的负极盖盛放位。

如图 6.34(b)所示,当负极盘 8 插入负极盘限位框 2 以后,负极盘 8 的上表面与垂直限位框 6 的下表面贴合。

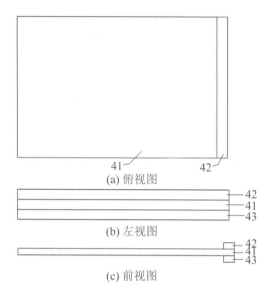

(a) 俯视图

(b) 左视图

(c) 前视图

图 6.33　底板俯视图、左视图及前视图

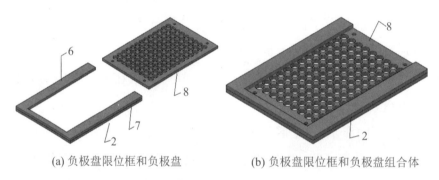

(a) 负极盘限位框和负极盘　　　(b) 负极盘限位框和负极盘组合体

图 6.34　负极盘限位框和负极盘及负极盘限位框和负极盘组合体

如图 6.35(a)所示,对于盖板限位框 3,垂直限位框 6 位于水平限位框 7 的上方。盖板 5 由盖板板体 51、盖板平台 52 和盖板把手 53 构成。盖板板体 51 的作用是后续翻转后对负极盘 8 进行支撑;盖板平台 52 的作用是压在负极盘 8 的上表面,防止后续翻转过程中负极盖移位;盖板把手 53 的作用是便于盖板 5 推入和拉出盖板限位框 3。

如图 6.35(b)所示,当盖板 5 插入盖板限位框 3 以后,盖板板体 51 的上表面与垂直限位框 6 的下表面贴合,而盖板平台 52 将嵌入负极盘限位框 2,且其下表面与负极盘 8 的上表面贴合。

图 6.36 和图 6.37 为盖板板体 51、盖板平台 52 和盖板把手 53 在不同视角下的位置关系图。图 6.38 为负极盖阵列翻转装置的三维组合图。

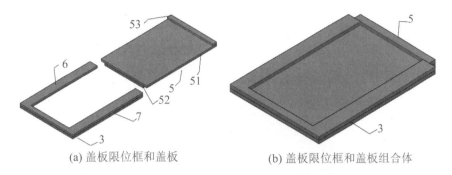

(a) 盖板限位框和盖板　　　　(b) 盖板限位框和盖板组合体

图 6.35　盖板限位框和盖板及盖板限位框和盖板组合体

　　负极盖阵列翻转装置的工作原理如下:从下往上依次堆叠好底板限位框 1、负极盘限位框 2 和盖板限位框 3,并使其外部边缘完全对齐。

　　将各孔位都盛放有负极盖的负极盘 8 放置到底板板体 41 上,将底板 4 插入底板限位框 1,直到限位条 42 紧贴底板限位框 1 的水平限位框 7,此时负极盘 8 将完全插入负极盘限位框 2,其位置状态如图 6.34(b)所示。

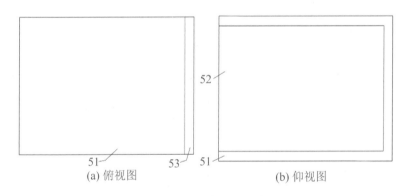

(a) 俯视图　　　　　　(b) 仰视图

图 6.36 盖板俯视图及仰视图

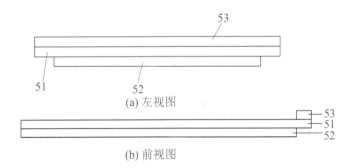

(a) 左视图

(b) 前视图

图 6.37　盖板左视图及前视图

将盖板 5 插入盖板限位框 3,盖板 5 和盖板限位框 3 的位置关系如图 6.35(b)所示。此时盖板平台 52 的下表面将与负极盘 8 的上表面贴合。至此整个装置各部分之间的位置关系如图 6.38 所示。

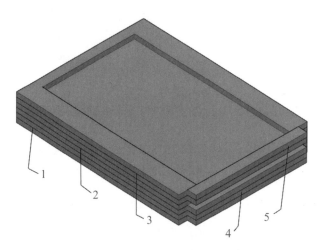

图 6.38　负极盖阵列翻转装置整体三维图

将装置整体翻转,此时负极盘 8 各孔位内的负极盖也同时被翻转。将底板 4 抽出,则呈阵列排布的处于翻转状态的负极盖将全部外露,用呈相同排布方式的吸盘阵列可以将负极盖阵列一次性全部吸取,并进入后续组合工序。

（2）负极盖阵列扣合

在完成负极盖阵列翻转后,先将正极壳工装盘放入定位支架,然后采用阵列式吸盘将已经翻转的负极盖阵列整体吸出,并扣入正极壳阵列,完成正极壳和负极盖的批量扣合。

17. 电容器封口

将正负极扣合好的电容器从托盘倒到封口机转盘上,转盘转动时将电容器逐个推送到传送带,再由传送带输送到封口机进行封口。封口后的电容器可以从手套箱的物料出口取出,后续工序在自然环境下进行。

18. 清洗

清洗的目的是去除电容器外壳上残余电解液和污渍。清洗时,往 60 ℃ 的去离子水中加入金属去污粉作为清洗液。将电容器装入网兜,并置于清洗液中,上下反复抖动网兜,然后再使用清水清洗,最后将电容器烘干。

19. 漏液检测

将电容器置于真空箱内,抽真空至 −0.1 MPa,于室温下静置 1 h,检查电容器是否漏液,并将漏液产品作为不良品报废。

20. 老练

纽扣式超级电容器生产的一个重要工序是电容器老练。由于纽扣式超级电容器数量大,体积小,因此老练工作十分繁琐。

纽扣式超级电容器生产早期,电容器老练一般是把电容器逐个插入夹具进行老练,老练完成后再将电容器从夹具上逐个拔下来,这种老练方式的缺点很多。首先,电容器逐个插拔,需要花费很多人力。其次,老练夹具数量众多,占用的空间很大。另外,老练需要连接的导线数量庞大,电路出现故障时,导线梳理很困难。

随着技术的进步,很多生产企业开始使用印制电路板来进行老练。这种方式的优点是可以将电容器夹具安装在印制电路板上,减小了空间的占用。其次,连接电容器夹具的导线也都印刷在电路板上,导线数量大大减少,但是这种老练方式同样存在明显的缺点。首先,还是需要手工将电容器逐个安插到电容器老练夹具中。其次,由于夹具在电路板上面占据了很大比例的空间,因此每块电路板能安插的电容器数量通常不超过 100 个,即使对于有 5 层电路板的老练装置,其一次能老练的电容器也不超过 500 个。为此我们设计了纽扣式超级电容器老练装置,可以一次性老练数千个电容器,而且电容器安放和取出的过程非常省时省力。

图 6.39~图 6.41 为该老练装置相关部件的结构示意图,其中,1-老练架,2-老练管,3-老练电源,4-老练层,5-老练托板,6-管托,7-导线孔,8-接线柱,9-导线,10-鳄鱼夹,11-管体,12-弹簧,13-管帽,14-接线片,15-搭扣,16-扣片,17-扣钩。

如图 6.39 所示,纽扣式超级电容器老练装置包括老练架 1、老练管 2 和老练电源 3。老练架 1 为木质长方体框架结构,在高度方向具有两个以上老练层4,每个老练层 4 可以放置 2 根以上老练管 2。

老练层 4 两侧长度方向分别有一块老练托板 5。老练托板 5 顶部有半圆形管托 6,用来放置老练管 2,防止老练管 2 发生移位或翻滚。每个管托 6 下方有一个导线孔 7,老练架 1 内部的导线 9 可以穿过导线孔 7 连接到老练管 2 两端。

老练架 1 上固定有两个接线柱 8。接线柱 8 外侧通过导线 9 连接到老练电源 3,连接接线柱 8 内侧的导线 9 则由老练架 1 内部延伸到各老练托板 5,穿过

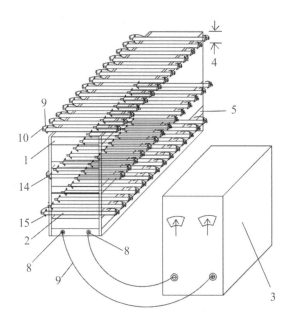

图 6.39　老练装置整体结构示意图

老练托板 5 上的导线孔 7 连接到鳄鱼夹 10。老练架 1 上所有导线 9 均排布在老练架 1 上各木板的内侧,一方面便于电路故障检修,另一方面也使布线更美观。

如图 6.40 所示,老练管 2 包括管体 11 与两端的管帽 13 和搭扣 15,管体 11 为塑料管,并在长度方向有一狭缝开口,老练管 2 内径略大于电容器的直径。老练时,把电容器以串联方式直接垒叠起来,然后借助老练管 2 上的狭缝装入老练管 2,装入过程中注意区分正负极。每根老练管 2 可以排布 10 个以上纽扣式超级电容器。老练管 2 中电容器的数量乘以单个电容的老练电压等于老练电源 3 的电压,因此老练管 2 的长度由老练电源 3 的电压决定。

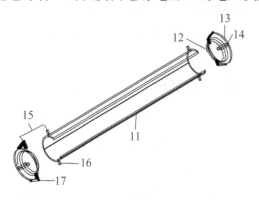

图 6.40　老练管结构示意图

管帽 13 外侧焊接有接线片 14,接线片 14 外侧连接鳄鱼夹 10,接线片 14 内侧通过管帽 13 连接弹簧 12。弹簧 12 一方面作为导电通道,另一方面使电容器与老练电路连接更可靠。

老练管 2 两端的搭扣 15 用于实现管体 11 与管帽 13 的牢固连接。搭扣 15 包括扣片 16 和扣钩 17,扣片 16 固定于管体 11 端口处,扣钩 17 焊接在管帽 13 边缘,使用时仅需要将扣钩 17 勾住扣片 16 即可。

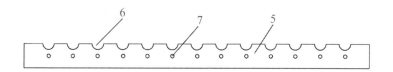

图 6.41　老练托板结构示意图

老练时,将老练管 2 从管托 6 上取下,将电容器串联垒叠装入老练管 2,盖上两端管帽 13 并扣上搭扣 15,将鳄鱼夹 10 夹在老练管 2 两端的接线片 14 上,接通老练电源 3。老练完成后,只需要断开老练电源 3,掰开老练管 2 两端搭扣 15,取下管帽 13,将电容器从老练管 2 倒出即可。

21. 电性能检测

(1) ESR 测试

实验室研究阶段,超级电容器的 ESR 通常采用恒流充放电的方式,根据放电开始瞬间的电压降和放电电流来计算。实际工业化生产中,ESR 通常采用内阻仪测定。测试时只需要将内阻仪的两根测试笔分别稳定接触电容器的正负极,仪器将自动显示电容器的内阻,测试简单、快捷。一些自动化检测设备生产企业还开发了全自动超级电容器内阻检测设备,只需要将大批量的电容器倒入设备,设备将自动检测每个电容器的内阻,并根据操作者设定的内阻范围,将电容器自动分档。检测完成后还将不同阻值范围的电容器从不同的出料口送出,同时输出每个出料口电容器的阻值检测报告。

生产企业可以根据电容器内阻的不同对电容器进行分档,在后续两个单体串联焊接成一个电容器单元的工序中,将阻值相近的电容器作为一组进行焊接。

工业化生产中,每个电容器的内阻均需要检测,所以内阻测试是一项工作量很大的工序。全自动、高性价比的内阻检测仪开发就显得非常重要和迫切。

（2）容量测试

容量测试的基本原理还是利用对电容器进行充放电，根据充放电的结果计算得到。因此容量测试耗时多，检测慢。工业化生产中，容量检测一般不全检，而是抽检。超级电容器生产中，只要严格控制极片制作和注液等环节，电容器的容量通常都比较容易满足容量检测标准的要求。

（3）自放电测试

自放电是衡量超级电容器电荷存储性能的一项非常重要的指标，不同企业产品的自放电性能可能存在很大的差异。自放电检测方法可以参照本书 2.3.10节。自放电检测时间长，因此也只能采取抽检方式。

影响超级电容器自放电性能的因素很多，其中，最主要的包括生产过程中对氧气、湿度的控制，电极片干燥程度、原材料的杂质的控制、生产过程的洁净度的控制等。

（4）其他性能测试

产品其他性能的检测可以参照国际标准 IEC62391-1 进行。

22. 连接杯焊接

纽扣式超级电容器的单体电压通常为 2.7 V，为了满足实际应用场合的电压要求，通常需要将两个电容器单体串联成一个电容器单元。

根据引脚类型的不同，纽扣式超级电容器可以分为 H 形、V 形和 C 形。C形有一整套连接组件，将两个电容器单体按规定的极性方向放入 C 形金属套壳内，依次摆放好相关组件后，采用相应的压制工具即可完成连接。

H 形和 V 形超级电容器需要采用一个连接杯将两个电容器单体焊接起来。焊接时，先将连接杯底部与其中一个电容器单体的负极焊接在一起，然后将另一个电容器单体正极朝下放入连接杯，将连接杯的侧壁与放入其中的电容器单体侧面焊接在一起，即完成两个电容器单体的串联焊接。

23. 胶管套缩

胶管套缩包括胶管套裹和胶管热缩两个步骤。根据电容器的尺寸定制一定宽度的胶管，胶管上通常印刷有电压、容量、极性指示、生产企业等信息。手工或者半自动胶管套缩一般先要将胶管裁剪成等长的小段，接着将胶管套裹在电容器外围，再摆放到隧道炉传送带上，送入炉膛进行热缩。全自动套管机可以连续、自动完成胶管套裹和热缩两个步骤，效率高，而且一致性好。

24. 引脚焊接

C 形超级电容器不需要额外焊接引脚。H 形和 V 形在完成胶管套缩后再焊接引脚。引脚焊接可以采用手工模式,也可以采用自动焊接机。手工模式需要使用工装夹具辅助定位,而且焊接速度慢。自动引脚焊接机焊接效率高,一致性好。

25. 包装

在完成上述工序后,超级电容器即可以包装出售。为了防止电容器因相互之间摩擦而刮花,或者因挤压而导致引脚弯曲、变形,包装时各电容器单元彼此独立,以对电容器单元和引脚进行保护。

6.2.3　产能和性能

上述集成式生产模式,不同工艺环节单位时间内的产量存在差异,以平均每分钟完成物料盘数量为 10 计算,对于 1120 型纽扣式超级电容器,每个物料盘的孔位数为 138,以每天工作 8 h 计算,则单条生产线一天生产电容器单体的数量为 331200 个,该产量近似为 4~5 条自动化生产线的产量。而本生产模式的单条生产线建设成本不到单条自动化生产线建设成本的 20%,同时能耗不到单条自动化生产线的 50%。可以看出,相比于自动化生产线,本生产模式在建设成本、产量、能耗等方面具有绝对的优势。当然,由于本生产模式为半自动模式,因此需要的操作工人略多,同时,扣合环节完后,除了老练,其他环节都不太适合采用集成式模式,而需要采用常规自动化模式,而且现有自动化设备已能高效完成这些工艺。

超级电容器的性能参数一般包括工作电压、额定容量、工作温度、容量偏差、内阻、自放电和漏电流,其中,最重要的性能参数是容量、内阻、自放电和漏电流。

商用纽扣式有机超级电容器的工作电压一般为 5.5 V。容量通常分为 0.1 F、0.22 F、0.33 F、0.47 F、0.68 F、1.0 F 和 1.5 F,共 7 种规格。其中,前 4 种规格为 1120 型,后 3 种为 1820 型。此处以"5.5 V,1 F"规格来描述课题组生产电容器的性能。随机抽取 100 个课题组生产的"5.5 V,1 F"产品与外购的国内和国外代表性企业的同型号产品进行性能比较。

工作温度方面,高低温实验表明,本产品能在 −25~+70 ℃ 的温度范围内正常工作,满足国际标准 IEC62391-1 的要求,与国内外同类产品的工作温度范围相同。

在容量偏差方面,本产品的容量偏差为 $-7.2\%\sim+8.1\%$,国内产品为 $-16.5\%\sim+18.7\%$,国外产品为 $-11.4\%\sim10.3\%$。本产品与对比产品都满足标准要求,但本产品的容量偏差优于国内外同类产品,说明产品的一致性更好。

内阻方面,本产品的内阻为 $7.4\sim11.7\ \Omega$,国内产品为 $10.2\sim14.6\ \Omega$,国外产品为 $6.3\sim10.4\ \Omega$。本产品内阻较国内产品低,但略高于国外产品。低内阻有利于提高充放电过程中的电容器的可利用容量,对高功率场合尤为重要。

自放电方面,本产品 24 h 电压值为 $5.35\sim5.44$ V,国内同类产品为 $4.9\sim5.1$ V,国外产品为 $5.1\sim5.3$ V。本产品自放电性能优于国内外同类产品。

漏电流方面,本产品 30 min 漏电流为 $21\sim27\ \mu A$,国内同类产品为 $42\sim49\ \mu A$,国外产品为 $31\sim36\ \mu A$,自放电性能也优于国内外同类产品。

为提高生产效率、降低设备购置成本和减小生产能耗,本研究设计了一种纽扣式超级电容器低成本集成式生产模式,并自主设计和委托设备生产企业定制了整条生产线。本研究自主设计的装置囊括了封口之前的全部设备,同时包括了后续的老练装置,其他设备,如封口、连接杯焊接、套管热缩和引脚焊接,均采用现有成熟设备。

区别于传统无论手工生产,还是自动化生产的逐个生产的模式,本研究采用集成式生产模式,一次可以同时完成对上百个电容器的操作,虽然采取的是半自动化模式,但一条生产线的产能可以达到 $4\sim5$ 条自动化生产线的产能,而且单条生产线的制造成本不到单条自动化生产线的 20%,能耗不到自动化生产线的 50%,真正实现了低成本、低能耗和高效率。本研究的相关技术已获得国家专利授权 20 余项。

除了上述优势,本研究所生产的纽扣式超级电容器的容量偏差、内阻、自放电、漏电流性能指标全部优于国内同类产品;上述性能指标除内阻外也均优于国外同类产品。

第 7 章　总结与展望

7.1　研　究　总　结

相比于超级电容器,尽管锂离子电池在储能密度上具有天然的优势,但是超级电容器在功率密度和循环寿命方面的优势也是锂离子电池无法比拟的。作为一种新型储能器件,超级电容器将与锂离子电池长期共存。超级电容器电极材料种类很多,但是从综合性能和成本角度考虑,活性炭无疑是今后很长一段时间内商用超级电容器主要使用的电极材料。本书主要研究超级电容器活性炭的绿色制备及纽扣式超级电容器的集成式生产,主要结论如下:

(1) 石油焦作为石油化工副产品,数量大、品质高、成本低,是制备超级电容器用活性炭的理想前驱体,本研究分别通过过氧化氢氧化、高氯酸氧化和硝酸膨化的方式对石油焦进行预处理,改变石油焦石墨微晶结构,降低石油焦活化难度,减少 KOH 活化剂的使用量,从而降低制备成本。

① H_2O_2 氧化使石油焦石墨微晶的晶面层间距由 0.344 nm 增加到 0.351 nm,微晶厚度由 2.34 nm 降低到 1.86 nm。在相同实验条件下,改性石油焦在碱炭比为 3∶1 时制备的活性炭的比表面积达到 3066 $m^2 \cdot g^{-1}$,比电容达到 374.6 $F \cdot g^{-1}$,均高于未改性石油焦在碱炭比为 4∶1 时制备活性炭的比表面积(2929 $m^2 \cdot g^{-1}$)和比电容(338.9 $F \cdot g^{-1}$),而且基于改性活性炭的超级电容器具有更好的功率特性和更低的内阻。

② $HClO_4$ 氧化使石油焦石墨微晶层间距从 0.344 nm 扩大到 0.353 nm,且石墨微晶厚度从 2.34 nm 减小到 1.75 nm。在碱炭比为 3∶1 时,基于 $HClO_4$

氧化石油焦的活性炭的比表面积达到 $3058\ m^2 \cdot g^{-1}$，比电容为 $392.7\ F \cdot g^{-1}$。在氧化改性方面，$HClO_4$ 取得了比 H_2O_2 更好的效果。

③ HNO_3 膨化使石油焦石墨微晶的层间距由 $0.344\ nm$ 增加到 $0.359\ nm$，厚度由 $2.34\ nm$ 减小到 $1.61\ nm$。在碱炭比为 $3:1$ 时，HNO_3 膨化石油焦基活性炭的比表面积达到 $3325\ m^2 \cdot g^{-1}$，比电容达到 $448\ F \cdot g^{-1}$。HNO_3 膨化改性对石油焦结构的改变效果优于 H_2O_2 氧化和 $HClO_4$ 氧化。

(2) 生物废弃物的合理利用不仅能减少环境污染，免除废物处置的费用，而且一些生物废弃物还可以用于生产具有高附加值的产品。椰壳和荞麦壳作为重要的农业生物废弃物，其显著特点是碳含量高、密度大、灰分含量低，而且数量庞大、易于获得，是制备高品质超级电容器用活性炭的优异前驱体。为提高活化效率，减少 KOH 活化剂的使用量，使用了冷冻方法对前驱体进行了预处理。

① 椰壳和荞麦壳都是高品质活性炭前驱体材料，在碱炭比为 $5:1$ 时，椰壳活性炭和荞麦壳活性炭的比表面积分别为 $2217\ m^2 \cdot g^{-1}$ 和 $2347\ m^2 \cdot g^{-1}$；在 $1\ A \cdot g^{-1}$ 的电流密度下，其比电容分别为 $360\ F \cdot g^{-1}$ 和 $295\ F \cdot g^{-1}$。

② 冷冻次数对椰壳炭的孔隙结构具有重要影响。椰壳炭的孔隙结构影响后续活化的造孔过程。0 次冷冻和 2 次冷冻的椰壳炭活化时遵从同一种造孔规律，一次冷冻和三次冷冻椰壳炭活化时遵从另一种造孔规律。

③ 冷冻处理在提高椰壳和荞麦壳活化效率方面都具有显著的效果。对于椰壳，一次冷冻处理，在碱炭比降低 40% 的同时，比电容提高 4.4%；两次冷冻处理，在碱炭比降低 20% 的同时，比电容提高 10.1%。对于荞麦壳，经过一次冷冻处理，碱炭比降低 40% 时，比电容下降 3.2%；碱炭比降低 20% 时，比电容提高 14.6%。

(3) 设计并定制了纽扣式超级电容器完整生产线，该生产线采用集成式模式生产，兼具低成本和高效率的特点。封口之前的全部工序采用集成式模式进行，一次可同时完成对上百个电容器的操作，一条生产线的产能相当于 $4\sim5$ 条自动化生产线的产能，单条生产线的制造成本不及单条自动化生产线的 20%，能耗不及自动化生产线的 50%。该生产线所生产的纽扣式超级电容器的容量偏差、内阻、自放电、漏电流性能指标均优于国内同类产品。

7.2　后续展望

（1）KOH 作为高效活化剂，活化效率高，有利于获得高比表面积和较大的平均孔径。但是由于 KOH 的强腐蚀性，工业化推广难度较大。后续研究可以考虑将本书相关前驱体预处理方法与物理活化相结合，研究其改性效果并探讨相关机理。

（2）本研究在选择生物废弃物前驱体时主要考虑的因素是碳含量、杂质和灰分含量、原料数量和获得难度，而没有考虑自掺杂前驱体。实际上豆渣等材料在满足上述要求的同时，富含 N、S 等元素，这些元素对提高电解液对活性炭的浸润性、提高活性炭比电容具有重要影响。因此，后续研究可以考虑以此类材料为前驱体制备活性炭，既可以提高比电容，还不需要额外进行掺杂。

（3）生物废弃物种类繁多，数量巨大，如果处置方法不当，不仅资源浪费严重，而且处置费用高，还可能造成严重环境污染。以生物废弃物作为前驱体生产活性炭是一种高效、便捷的生物废弃物再利用途径。但是超级电容器用活性炭对前驱体的要求很高，只能使用其中少数类型的生物废弃物。其他大量生物废弃物可以根据其结构特性，用于制备吸附、脱色等领域用活性炭。

（4）纽扣式超级电容器集成式生产模式兼具设备购置成本低、生产过程能耗低以及生产效率高等特点。尽管目前各工艺主要靠手工操作完成，但由于采用了集成式模式，可一次同时完成对上百个电容器的同时操作，效率远高于目前逐个生产的自动化机械。该模式的各工艺环节如果能采用自动化方式完成，将进一步降低人力成本，提高生产效率。

参 考 文 献

[1] DUNN B, KAMATH H, TARASCON J M. Electrical energy storage for the grid: a battery of choices [J]. Science, 2011, 334(6058):928-935.

[2] MILLER J R. Valuing reversible energy storage [J]. Science, 2012, 335(6074):1312-1313.

[3] PANDOLFO A G, HOLLENKAMP A F. Carbon properties and their role in supercapacitors [J]. J Power Sources, 2006, 157(1):11-27.

[4] ZHANG S, PAN N. Supercapacitors performance evaluation [J]. Adv. Energy Mater., 2015, 5(6):1401-1420.

[5] GONZALEZ A, GOIKOLEA E, BARRENA J A, et al. Review on supercapacitors: technologies and materials [J]. Renew. Sust. Energ. Rev., 2016, 58:1189-1206.

[6] MILLER J R, SIMON P. Electrochemical capacitors for energy management [J]. Science, 2008, 321(5889):651-652.

[7] CONWAY B, PELL W. Double-layer and pseudocapacitance types of electrochemical capacitors and their applications to the development of hybrid devices [J]. Journal of Solid State Electrochemistry, 2003, 7:637-644.

[8] CHUANG C-M, HUANG C-W, TENG H, et al. Effects of carbon nanotube grafting on the performance of electric double layer capacitors [J]. Energy Fuels, 2010, 24(12):6476-6482.

[9] ZHU Z-Z, WANG G-C, SUN M-Q, et al. Fabrication and electrochemical characterization of polyaniline nanorods modified with sulfonated carbon nanotubes for supercapacitor applications [J]. Electrochim Acta, 2011, 56(3):1366-1372.

[10] ENDO M, TAKEDA T, KIM Y, et al. High power electric double layer capacitor (EDLCs): from operating principle to pore size control in advanced activated carbons [J]. Carbon Lett., 2001, 1(3-4):117-128.

[11] ZHANG L L, ZHAO X. Carbon-based materials as supercapacitor electrodes [J]. Chem. Soc. Rev., 2009, 38(9):2520-2531.

[12] IIJIMA S. Helical microtubules of graphitic carbon [J]. Nature, 1991, 354(6348):56-58.

[13] SIMON P, BURKE A. Nanostructured carbons: double-layer capacitance and more [J]. The Electrochemical Society Interface, 2008, 17(1):38-43.

[14] TALAPATRA S, KAR S, PAL S K, et al. Direct growth of aligned carbon nanotubes on bulk metals [J]. Nat. Nanotechnol., 2006, 1(2):112-116.

[15] CHEN J H, LI W Z, WANG D Z, et al. Electrochemical characterization of carbon nanotubes as electrode in electrochemical double-layer capacitors [J]. Carbon, 2002, 40(8):1193-1197.

[16] FRACKOWIAK E, BéGUIN F. Carbon materials for the electrochemical storage of energy in capacitors [J]. Carbon, 2001, 39(6):937-950.

[17] FRACKOWIAK E, METENIER K, BERTAGNA V, et al. Supercapacitor electrodes from multiwalled carbon nanotubes [J]. Appl. Phys. Lett., 2000, 77(15):2421-2423.

[18] FRACKOWIAK E, DELPEUX S, JUREWICZ K, et al. Enhanced capacitance of carbon nanotubes through chemical activation [J]. Chemical Physics Letters, 2002, 361(1):35-41.

[19] SU L, ZHANG X, YUAN C, et al. Symmetric self-hybrid supercapacitor consisting of multiwall carbon nanotubes and Co-Al layered double hydroxides [J]. J. Electrochem. Soc., 2007, 155(2):A110-A114.

[20] HUGHES M, CHEN G Z, SHAFFER M S, et al. Electrochemical capacitance of a nanoporous composite of carbon nanotubes and polypyrrole [J]. Chem. Mat., 2002, 14(4):1610-1613.

[21] FRACKOWIAK E, JUREWICZ K, SZOSTAK K, et al. Nanotubular materials as electrodes for supercapacitors [J]. Fuel Process. Technol., 2002, 77-78:213-219.

[22] ARABALE G, WAGH D, KULKARNI M, et al. Enhanced supercapacitance of multiwalled carbon nanotubes functionalized with ruthenium oxide [J]. Chem. Phys. Lett., 2003, 376(1):207-213.

[23] PUMERA M. Graphene-based nanomaterials and their electrochemistry [J]. Chem. Soc. Rev., 2010, 39(11):4146-4157.

[24] WANG Y, SHI Z, HUANG Y, et al. Supercapacitor devices based on graphene materials [J]. The Journal of Physical Chemistry C, 2009, 113(30):13103-13107.

[25] LIU C, YU Z, NEFF D, et al. Graphene-Based supercapacitor with an ultrahigh energy density [J]. Nano Letters, 2010, 10(12):4863-4868.

[26] LOKHANDE V C, LOKHANDE A C, LOKHANDE C D, et al. Supercapacitive composite metal oxide electrodes formed with carbon, metal oxides and conducting polymers [J]. Journal of Alloys and Compounds, 2016, 682:381-403.

[27] LONG J W, SWIDER K E, MERZBACHER C I, et al. Voltammetric characterization of ruthenium oxide-based aerogels and other RuO$_2$ solids: The Nature of Capacitance in Nanostructured Materials [J]. Langmuir, 1999, 15(3):780-785.

[28] WU Z-S, ZHOU G, YIN L-C, et al. Graphene/metal oxide composite electrode materials for energy storage [J]. Nano Energy, 2012, 1(1):107-131.

[29] LI N, TANG S, DAI Y, et al. The synthesis of graphene oxide nanostructures for supercapacitors: a simple route [J]. J. Mater. Sci., 2014, 49(7):2802-2809.

[30] DENG L, WANG J, ZHU G, et al. RuO$_2$/graphene hybrid material for high performance electrochemical capacitor [J]. J. Power Sources, 2014, 248:407-415.

[31] GOPALAKRISHNAN K, GOVINDARAJ A, RAO C N R. Extraordinary supercapacitor performance of heavily nitrogenated graphene oxide obtained by microwave synthesis [J]. J. Mater. Chem. A, 2013, 1(26):7563-7565.

[32] ERSOY D A, MCNALLAN M J, GOGOTSI Y. Carbon coatings produced by high

temperature chlorination of silicon carbide ceramics [J]. Material Research Innovations，2001，5(2):55-62.

[33] CAMBAZ Z G, YUSHIN G N, GOGOTSI Y, et al. Formation of carbide-derived carbon on β-silicon carbide whiskers [J]. Journal of the American Ceramic Society, 2006, 89 (2): 509-514.

[34] GOGOTSI Y, NIKITIN A, YE H, et al. Nanoporous carbide-derived carbon with tunable pore size [J]. Nat. Mater., 2003, 2(9):591-594.

[35] ERDEMIR A, KOVALCHENKO A, MCNALLAN M J, et al. Effects of high-temperature hydrogenation treatment on sliding friction and wear behavior of carbide-derived carbon films [J]. Surface and Coatings Technology, 2004, 188-189:588-593.

[36] CHMIOLA J, YUSHIN G, DASH R, et al. Effect of pore size and surface area of carbide derived carbons on specific capacitance [J]. J. Power Sources, 2006, 158(1):765-772.

[37] SIMON P, GOGOTSI Y. Materials for electrochemical capacitors [J]. Nat. Mater., 2008, 7 (11):845-854.

[38] RODRIGUEZ-REINOSO F, MOLINA-SABIO M. Activated carbons from lignocellulosic materials by chemical and/or physical activation: an overview [J]. Carbon, 1992, 30(7):1111-1118.

[39] ALSLAIBI T M, ABUSTAN I, AHMAD M A, et al. A review: production of activated carbon from agricultural byproducts via conventional and microwave heating [J]. Journal of Chemical Technology & Biotechnology, 2013, 88(7):1183-1190.

[40] HAN S-W, JUNG D-W, JEONG J-H, et al. Effect of pyrolysis temperature on carbon obtained from green tea biomass for superior lithium ion battery anodes [J]. Chemical Engineering Journal, 2014, 254:597-604.

[41] YIN J, ZHANG W L, ALHEBSHI N A, et al. Synthesis strategies of porous carbon for supercapacitor applications [J]. Small Methods, 2020, 4(3):1-31.

[42] TANG M M, BACON R. Carbonization of cellulose fibers—I. Low temperature pyrolysis [J]. Carbon, 1964, 2(3):211-220.

[43] KERCHER A K, NAGLE D C. Microstructural evolution during charcoal carbonization by X-ray diffraction analysis [J]. Carbon, 2003, 41(1):15-27.

[44] CHAIWAT W, HASEGAWA I, KORI J, et al. Examination of degree of cross-linking for cellulose precursors pretreated with acid/hot water at low temperature [J]. Ind. Eng. Chem. Res., 2008, 47(16):5948-5956.

[45] DAMODAR D, KUNAMALLA A, VARKOLU M, et al. Near-room-temperature synthesis of sulfonated carbon nanoplates and their catalytic application [J]. ACS Sustainable Chemistry & Engineering, 2019, 7(15):12707-12717.

[46] NAVARRO R M, PENA M, FIERRO J. Hydrogen production reactions from carbon feedstocks: fossil fuels and biomass [J]. Chem. Rev., 2007, 107(10):3952-3991.

[47] CONTRERAS M S, PáEZ C A, ZUBIZARRETA L, et al. A comparison of physical activation of carbon xerogels with carbon dioxide with chemical activation using hydroxides [J]. Carbon, 2010, 48(11):3157-3168.

[48] PRAUCHNER M J, RODRíGUEZ-REINOSO F. Chemical versus physical activation of coconut shell: A comparative study [J]. Microporous Mesoporous Mat., 2012, 152:163-171.

[49] LIN G, MA R, ZHOU Y, et al. KOH activation of biomass-derived nitrogen-doped carbons for supercapacitor and electrocatalytic oxygen reduction [J]. Electrochim Acta, 2018, 261:49-57.

[50] ZOU K, DENG Y, CHEN J, et al. Hierarchically porous nitrogen-doped carbon derived from the activation of agriculture waste by potassium hydroxide and urea for high-performance supercapacitors [J]. J. Power Sources, 2018, 378:579-588.

[51] ISLAM M A, AHMED M, KHANDAY W, et al. Mesoporous activated coconut shell-derived hydrochar prepared via hydrothermal carbonization-NaOH activation for methylene blue adsorption [J]. Journal of environmental management, 2017, 203:237-244.

[52] SAYĞıLı H, GüZEL F. High surface area mesoporous activated carbon from tomato processing solid waste by zinc chloride activation: process optimization, characterization and dyes adsorption [J]. J. Clean. Prod., 2016, 113:995-1004.

[53] REDDY K S K, AL SHOAIBI A, SRINIVASAKANNAN C. A comparison of microstructure and adsorption characteristics of activated carbons by CO_2 and H_3PO_4 activation from date palm pits [J]. New Carbon Mater., 2012, 27(5):344-351.

[54] PRAHAS D, KARTIKA Y, INDRASWATI N, et al. Activated carbon from jackfruit peel waste by H_3PO_4 chemical activation: Pore structure and surface chemistry characterization [J]. Chemical Engineering Journal, 2008, 140(1-3):32-42.

[55] YIN H, LU B, XU Y, et al. Harvesting capacitive carbon by carbonization of waste biomass in molten salts [J]. Environ. Sci. Technol., 2014, 48(14):8101-8108.

[56] ZHANG F, LIU T, LI M, et al. Multiscale pore network boosts capacitance of carbon electrodes for ultrafast charging [J]. Nano. Lett., 2017, 17(5):3097-3104.

[57] WANG J, KASKEL S. KOH activation of carbon-based materials for energy storage [J]. Journal of materials chemistry, 2012, 22(45):23710-23725.

[58] LILLO-RóDENAS M, CAZORLA-AMORóS D, LINARES-SOLANO A. Understanding chemical reactions between carbons and NaOH and KOH: an insight into the chemical activation mechanism [J]. Carbon, 2003, 41(2):267-275.

[59] MACIá-AGULLó J, MOORE B, CAZORLA-AMORóS D, et al. Activation of coal tar pitch carbon fibres: physical activation vs. chemical activation [J]. Carbon, 2004, 42(7): 1367-1370.

[60] HAMASAKI A, FURUSE A, SEKINUMA Y, et al. Improving the micropore capacity of activated carbon by preparation under a high magnetic field of 10 T [J]. Scientific Reports, 2019, 9(1):1-11.

[61] ENDO M, MAEDA T, TAKEDA T, et al. Capacitance and pore-size distribution in aqueous and nonaqueous electrolytes using various activated carbon electrodes [J]. J. Electrochem. Soc., 2001, 148(8):A910-A914.

[62] KIM Y J, HORIE Y, OZAKI S, et al. Correlation between the pore and solvated ion size on capacitance uptake of PVDC-based carbons [J]. Carbon, 2004, 42(8-9):1491-1500.

[63] CHMIOLA J, YUSHIN G, GOGOTSI Y, et al. Anomalous increase in carbon capacitance at pore sizes less than 1 nanometer [J]. Science, 2006, 313(5794):1760-1763.

[64] LARGEOT C, PORTET C, CHMIOLA J, et al. Relation between the ion size and pore size for an electric double-layer capacitor [J]. J. Am. Chem. Soc., 2008, 130(9):2730-2731.

[65] GARCιA-GóMEZ A, MORENO-FERNáNDEZ G, LOBATO B, et al. Constant capacitance in nanopores of carbon monoliths1 [J]. Phys. Chem. Chem. Phys., 2015, 17:15687-15690.

[66] STOECKLI F, CENTENO T A. Pore size distribution and capacitance in microporous carbons [J]. Phys. Chem. Chem. Phys., 2012, 14(33):11589-11591.

[67] ÁLVAREZ CENTENO T, STOECKLI F. The volumetric capacitance of microporous carbons in organic electrolyte [J]. Electrochemistry communications, 2012, 16 (1): 34-36.

[68] PENG L, LIANG Y, DONG H, et al. Super-hierarchical porous carbons derived from mixed biomass wastes by a stepwise removal strategy for high-performance supercapacitors [J]. J. Power Sources, 2018, 377:151-160.

[69] YU Z, TETARD L, ZHAI L, et al. Supercapacitor electrode materials: nanostructures from 0 to 3 dimensions [J]. Energy Environ. Sci., 2015, 8(3):702-730.

[70] ZHANG L L, ZHAO X S. Carbon-based materials as supercapacitor electrodes [J]. Chem. Soc. Rev., 2009, 38(9):2520-2531.

[71] FERNáNDEZ J, MORISHITA T, TOYODA M, et al. Performance of mesoporous carbons derived from poly (vinyl alcohol) in electrochemical capacitors [J]. J. Power Sources, 2008, 175(1):675-679.

[72] SALITRA G, SOFFER A, ELIAD L, et al. Carbon electrodes for double-layer capacitors I. Relations between ion and pore dimensions [J]. J. Electrochem. Soc., 2000, 147 (7): 2486-2493.

[73] RAYMUNDO-PINERO E, KIERZEK K, MACHNIKOWSKI J, et al. Relationship between the nanoporous texture of activated carbons and their capacitance properties in different electrolytes [J]. Carbon, 2006, 44(12):2498-2507.

[74] SEREDYCH M, HULICOVA-JURCAKOVA D, LU G Q, et al. Surface functional groups of carbons and the effects of their chemical character, density and accessibility to ions on electrochemical performance [J]. Carbon, 2008, 46(11):1475-1488.

[75] RAYMUNDO-PIñERO E, LEROUX F, BéGUIN F. A high-performance carbon for supercapacitors obtained by carbonization of a seaweed biopolymer [J]. Adv. Mater., 2006, 18 (14):1877-1882.

[76] AZAïS P, DUCLAUX L, FLORIAN P, et al. Causes of supercapacitors ageing in organic electrolyte [J]. J. Power Sources, 2007, 171(2):1046-1053.

[77] LIU T, ZHANG F, SONG Y, et al. Revitalizing carbon supercapacitor electrodes with hierarchical porous structures [J]. J. Mater. Chem. A, 2017, 5(34):17705-17733.

[78] CYCHOSZ K A, GUILLET-NICOLAS R, GARCιA-MARTíNEZ J, et al. Recent advances in the textural characterization of hierarchically structured nanoporous materials [J]. Chem. Soc. Rev., 2017, 46(2):389-414.

[79] SUN Y, SILLS R B, HU X, et al. A bamboo-inspired nanostructure design for flexible,

foldable, and twistable energy storage devices [J]. Nano. Lett., 2015, 15(6):3899-3906.

[80] LIN T, CHEN I-W, LIU F, et al. Nitrogen-doped mesoporous carbon of extraordinary capacitance for electrochemical energy storage [J]. Science, 2015, 350(6267):1508-1513.

[81] ZHANG G, SONG Y, ZHANG H, et al. Radially aligned porous carbon nanotube arrays on carbon fibers: a hierarchical 3D carbon nanostructure for high-performance capacitive energy storage [J]. Adv. Funct. Mater., 2016, 26(18):3012-3020.

[82] XUE Y, DING Y, NIU J, et al. Rationally designed graphene-nanotube 3D architectures with a seamless nodal junction for efficient energy conversion and storage [J]. Sci. Adv., 2015, 1(8): 1400198-1400207.

[83] ZHU S, LI J, HE C, et al. Soluble salt self-assembly-assisted synthesis of three-dimensional hierarchical porous carbon networks for supercapacitors [J]. J. Mater. Chem. A, 2015, 3 (44):22266-22273.

[84] TANG D, HU S, DAI F, et al. Self-Templated synthesis of mesoporous carbon from carbon tetrachloride precursor for supercapacitor electrodes [J]. ACS Appl. Mater. Interfaces, 2016, 8(11):6779-6783.

[85] XU J, TAN Z, ZENG W, et al. A hierarchical carbon derived from sponge-templated activation of graphene oxide for high-performance supercapacitor electrodes [J]. Adv. Mater., 2016, 28 (26):5222-5228.

[86] HU Y, TONG X, ZHUO H, et al. 3D hierarchical porous N-doped carbon aerogel from renewable cellulose: an attractive carbon for high-performance supercapacitor electrodes and CO_2 adsorption [J]. RSC Adv., 2016, 6(19):15788-15795.

[87] CHEN J, XU J, ZHOU S, et al. Nitrogen-doped hierarchically porous carbon foam: A free-standing electrode and mechanical support for high-performance supercapacitors [J]. Nano Energy, 2016, 25:193-202.

[88] MIAO F, SHAO C, LI X, et al. Three-dimensional freestanding hierarchically porous carbon materials as binder-free electrodes for supercapacitors: high capacitive property and long-term cycling stability [J]. J. Mater. Chem. A, 2016, 4(15):5623-5631.

[89] QIANG Y, JIANG J, XIONG Y, et al. Facile synthesis of N/P co-doped carbons with tailored hierarchically porous structures for supercapacitor applications [J]. RSC Adv., 2016, 6(12): 9772-9778.

[90] LIU Y, SHI Z, GAO Y, et al. Biomass-swelling assisted synthesis of hierarchical porous carbon fibers for supercapacitor electrodes[J]. ACS Appl. Mater. Interfaces, 2016, 8: 28283-28290.

[91] TEO E Y L, MUNIANDY L, NG E-P, et al. High surface area activated carbon from rice husk as a high performance supercapacitor electrode [J]. Electrochim Acta, 2016, 192: 110-119.

[92] TIAN W, GAO Q, TAN Y, et al. Bio-inspired beehive-like hierarchical nanoporous carbon derived from bamboo-based industrial by-product as a high performance supercapacitor electrode material [J]. J. Mater. Chem. A, 2015, 3(10):5656-5664.

［93］ ZHAO Y-Q, LU M, TAO P-Y, et al. Hierarchically porous and heteroatom doped carbon derived from tobacco rods for supercapacitors [J]. J. Power Sources，2016，307:391-400.

［94］ LIANG Q, YE L, HUANG Z-H, et al. A honeycomb-like porous carbon derived from pomelo peel for use in high-performance supercapacitors [J]. Nanoscale，2014，6(22):13831-13837.

［95］ XIE L, SUN G, SU F, et al. Hierarchical porous carbon microtubes derived from willow catkins for supercapacitor applications [J]. J. Mater. Chem. A，2016，4(5):1637-1646.

［96］ WU X, JIANG L, LONG C, et al. From flour to honeycomb-like carbon foam: Carbon makes room for high energy density supercapacitors [J]. Nano Energy，2015，13:527-536.

［97］ HOU J, CAO C, IDREES F, et al. Hierarchical porous nitrogen-doped carbon nanosheets derived from silk for ultrahigh-capacity battery anodes and supercapacitors [J]. ACS Nano，2015，9(3):2556-2564.

［98］ LI J, ZAN G, WU Q. Facile synthesis of hierarchical porous carbon via the liquidoid carbonization method for supercapacitors [J]. New J. Chem.，2015，39(10):8165-8171.

［99］ YANG W, DU Z, MA Z, et al. Facile synthesis of nitrogen-doped hierarchical porous lamellar carbon for high-performance supercapacitors [J]. RSC Adv.，2016，6(5):3942-3950.

［100］ WANG J, LIU Q. Fungi-derived hierarchically porous carbons for high-performance supercapacitors [J]. RSC Adv.，2015，5(6):4396-4403.

［101］ FENG H, ZHENG M, DONG H, et al. Three-dimensional honeycomb-like hierarchically structured carbon for high-performance supercapacitors derived from high-ash-content sewage sludge [J]. J. Mater. Chem. A，2015，3(29):15225-15234.

［102］ SUNDRIYAL S, SHRIVASTAV V, PHAM H D, et al. Advances in bio-waste derived activated carbon for supercapacitors: Trends, challenges and prospective [J]. Resources Conservation and Recycling，2021，169:105548-105565.

［103］ GAMBY J, TABERNA P, SIMON P, et al. Studies and characterisations of various activated carbons used for carbon/carbon supercapacitors [J]. J. Power Sources，2001，101(1):109-116.

［104］ QU D. Studies of the activated carbons used in double-layer supercapacitors[J]. J. Power Sources，2002，109(2):403-411.

［105］ 庄新国，杨裕生，嵇友菊，等. 超级电容器炭电极材料孔结构对其性能的影响[J]. 物理化学学报，2003(08):689-694.

［106］ LEE S H, CHOI C S F P T. Chemical activation of high sulfur petroleum cokes by alkali metal compounds [J]. Fuel Process. Technol.，2000，64(1-3):141-153.

［107］ CHUNLAN L, SHAOPING X, YIXIONG G, et al. Effect of pre-carbonization of petroleum cokes on chemical activation process with KOH [J]. Carbon，2005，43(11):2295-2301.

［108］ HE X, LEI J, GENG Y, et al. Preparation of microporous activated carbon and its electrochemical performance for electric double layer capacitor [J]. J. Phys. Chem. Solids，2009，70(3-4):738-744.

［109］ YUE Z, JIANG W, WANG L, et al. Surface characterization of electrochemically oxidized carbon fibers [J]. Carbon，1999，37(11):1785-1796.

［110］ 孟庆函，李开喜，宋燕，等. 石油焦基活性炭电极电容物性研究 [J]. 新型炭材料，2001，16

(4):18-26.

[111] OMOKAFE S M, ADENIYI A A, IGBAFEN E O, et al. Fabrication of activated carbon from coconut shells and its electrochemical properties for supercapacitors [J]. Int. J. Electrochem. Sci., 2020, 15(11):10854-10865.

[112] ASHRAF C M, ANILKUMAR K M, JINISHA B, et al. Acid washed, steam activated, coconut shell derived carbon for high power supercapacitor applications [J]. J. Electrochem. Soc., 2018, 165(5):A900-A909.

[113] TAER E, MUSTIKA W S, AGUSTINO, et al. The flexible carbon activated electrodes made from coconut shell waste for supercapacitor application [J]. IOP Conference Series: Earth and Environmental Science, 2017, 58:1-7.

[114] SUN K, LENG C Y, JIAN-CHUN J, et al. Microporous activated carbons from coconut shells produced by self-activation using the pyrolysis gases produced from them, that have an excellent electric double layer performance [J]. New Carbon Mater, 2017, 32(5):451-459.

[115] PARIS O, ZOLLFRANK C, ZICKLER G A. Decomposition and carbonisation of wood biopolymers—a microstructural study of softwood pyrolysis [J]. Carbon, 2005, 43(1):53-66.

[116] TAER E, TASLIM R, PUTRI A, et al. Activated carbon electrode made from coconut husk waste for supercapacitor Application [J]. Int. J. Electrochem. Sci., 2018, 13 (12): 12072-12084.

[117] BREBU M, VASILE C. Thermal degradation of lignin-A review [J]. Cellulose Chemistry and Technology, 2010, 44(9):353-363.

[118] TSAMBA A J, YANG W, BLASIAK W. Pyrolysis characteristics and global kinetics of coconut and cashew nut shells [J]. Fuel Process. Technol., 2006, 87(6):523-530.

[119] MORENO-FERNáNDEZ G, GóMEZ-URBANO J L, ENTERRíA M, et al. Flat-shaped carbon-graphene microcomposites as electrodes for high energy supercapacitors [J]. J. Mater. Chem. A, 2019, 7(24):14646-14655.

[120] ZHAO H, XING B, ZHANG C, et al. Efficient synthesis of nitrogen and oxygen co-doped hierarchical porous carbons derived from soybean meal for high-performance supercapacitors [J]. J. Alloy Compd., 2018, 766:705-715.

[121] YANG L, WU D, WANG T, et al. B/N-Codoped carbon nanosheets derived from the self-assembly of chitosan-amino acid gels for greatly improved supercapacitor performances [J]. ACS Appl. Mater. Interfaces., 2020, 12(16):18692-18704.

[122] WANG M Q, ZHOU J, WU S J, et al. Green synthesis of capacitive carbon derived from Platanus catkins with high energy density [J]. J. Mater. Sci.-Mater. Electron., 2019, 30 (4):4184-4195.

[123] YAKABOYLU G A, JIANG C L, YUMAK T, et al. Engineered hierarchical porous carbons for supercapacitor applications through chemical pretreatment and activation of biomass precursors [J]. Renew Energy, 2021, 163:276-287.

[124] PUTHUSSERI D, ARAVINDAN V, ANOTHUMAKKOOL B, et al. From waste paper basket to solid state and Li_HEC ultracapacitor electrodes: A value added journey for shredded office paper [J]. Small, 2014(4):4395-4402.

[125] ADAN-MAS A, ALCARAZ L, AREVALO-CID P, et al. Coffee-derived activated carbon from second biowaste for supercapacitor applications [J]. Waste Manage, 2021, 120: 280-289.

[126] ZHAO N, ZHANG P, LUO D, et al. Direct production of porous carbon nanosheets/particle composites from wasted litchi shell for supercapacitors [J]. J. Alloy Compd. , 2019, 788:677-684.

[127] KANG W W, LIN B P, HUANG G X, et al. Peanut bran derived hierarchical porous carbon for supercapacitor [J]. J. Mater. Sci. -Mater. Electron. , 2018, 29(8):6361-6368.

[128] KISHORE B, SHANMUGHASUNDARAM D, PENKI T R, et al. Coconut kernel-derived activated carbon as electrode material for electrical double-layer capacitors [J]. J. Appl. Electrochem. , 2014, 44(8):903-916.

[129] RUFFORD T E, HULICOVA-JURCAKOVA D, KHOSLA K, et al. Microstructure and electrochemical double-layer capacitance of carbon electrodes prepared by zinc chloride activation of sugar cane bagasse [J]. J. Power Sources, 2010, 195(3):912-918.

[130] HOU B, ZHANG T, YAN R, et al. High Specific Surface Area Activated Carbon with Well-Balanced Micro/Mesoporosity for Ultrahigh Supercapacitive Performance [J]. Int. J. Electrochem. Sci. , 2016, 11:9007-9018.

[131] JAIN A, XU C, JAYARAMAN S, et al. Mesoporous activated carbons with enhanced porosity by optimal hydrothermal pre-treatment of biomass for supercapacitor applications [J]. Microporous Mesoporous Mat, 2015, 218:55-61.

[132] SUN L, TIAN C, LI M, et al. From coconut shell to porous graphene-like nanosheets for high-power supercapacitors [J]. J. Mater. Chem. A, 2013, 21(1):6462-6470.

[133] XIE Z, SHANG X, YAN J, et al. Biomass-derived porous carbon anode for high-performance capacitive deionization [J]. Electrochim Acta, 2018, 290:666-675.

[134] ZHANG K, LIU M, SI M, et al. Polyhydroxyalkanoate-modified bacterium regulates biomass structure and promotes synthesis of carbon materials for high-performance supercapacitors [J]. ChemSusChem, 2019, 12(8):1732-1742.

[135] HOU B, ZHANG T, YAN R, et al. High specific surface area activated carbon with well-balanced micro/mesoporosity for ultrahigh supercapacitive performance [J]. Int. J. Electrochem. Sci. , 2016, 11:9007-9018.

[136] LOZANO-CASTELLO D, CAZORLA-AMORóS D, LINARES-SOLANO A, et al. Influence of pore structure and surface chemistry on electric double layer capacitance in non-aqueous electrolyte [J]. Carbon, 2003, 41(9):1765-1775.

[137] KIERZEK K, FRACKOWIAK E, LOTA G, et al. Electrochemical capacitors based on highly porous carbons prepared by KOH activation [J]. Electrochim Acta, 2004, 49(4):515-523.

[138] DAI Y, JIANG H, HU Y, et al. Controlled Synthesis of Ultrathin Hollow Mesoporous Carbon Nanospheres for Supercapacitor Applications [J]. Ind. Eng. Chem. Res. , 2014, 53(8):3125-3130.

[139] GAO Y, ZHANG W, YUE Q, et al. Simple synthesis of hierarchical porous carbon from Enteromorpha prolifera by a self-template method for supercapacitor electrodes [J]. Journal of

Power Sources, 2014, 270:403-410.

[140] ELIAD L, SALITRA G, SOFFER A, et al. Ion sieving effects in the electrical double layer of porous carbon electrodes: estimating effective ion size in electrolytic solutions [J]. The Journal of Physical Chemistry B, 2001, 105(29):6880-6887.

[141] HUANG J, SUMPTER B G, MEUNIER V. Theoretical model for nanoporous carbon supercapacitors [J]. Angewandte Chemie, 2008, 120(3):530-534.

[142] CAO L, LI H, XU Z, et al. Camellia pollen-derived carbon with controllable N content for high-performance supercapacitors by ammonium chloride activation and dual N-Doping [J]. ChemNanoMat, 2020, 7(1):34-43.

[143] CHEN W, LUO M, YANG K, et al. Microwave-assisted KOH activation from lignin into hierarchically porous carbon with super high specific surface area by utilizing the dual roles of inorganic salts: Microwave absorber and porogen [J]. Microporous Mesoporous Mat. , 2020, 300:110178-110187.

[144] CHEN W, LUO M, YANG K, et al. Simple pyrolysis of alginate-based hydrogel cross-linked by bivalent ions into highly porous carbons for energy storage [J]. Int. J. Biol. Macromol. , 2020, 158:265-274.

[145] KEPPETIPOLA N M, DISSANAYAKE M, DISSANAYAKE P, et al. Graphite-type activated carbon from coconut shell: a natural source for eco-friendly non-volatile storage devices [J]. RSC Adv. , 2021, 11(5):2854-2865.

[146] PENA J, VILLOT A, GERENTE C. Pyrolysis chars and physically activated carbons prepared from buckwheat husks for catalytic purification of syngas [J]. Biomass and Bioenergy, 2020, 132:105435.

[147] GNEDENKOV S V, OPRA D P, ZEMNUKHOVA L A, et al. Electrochemical performance of Klason lignin as a low-cost cathode-active material for primary lithium battery [J]. J. Energy. Chem. , 2015, 24(3):346-352.

[148] GIRIO F M, FONSECA C, CARVALHEIRO F, et al. Hemicelluloses for fuel ethanol: A review [J]. Bioresour. Technol. , 2010, 101(13):4775-4800.

[149] RINALDI R, SCHUTH F. Acid hydrolysis of cellulose as the entry point into biorefinery schemes [J]. ChemSusChem, 2009, 2(12):1096-1107.

[150] ZAKZESKI O, BRUIJNINCX P C A, JONGERIUS A L, et al. The Catalytic Valorization of Lignin for the Production of Renewable Chemicals [J]. Chemical Reviews, 2010, 110(6): 3552-3599.

[151] YU K, ZHANG Z, LIANG J, et al. Natural biomass-derived porous carbons from buckwheat hulls used as anode for lithium-ion batteries [J]. Diamond & Related Materials, 2021, 119: 108553-108564.

[152] MOLINA-SABIO M, RODRіGUEZ-REINOSO F. Role of chemical activation in the development of carbon porosity [J]. Colloids and Surfaces A: Physicochemical and Engineering Aspects, 2004, 241(1-3):15-25.

[153] LI P, FENG C N, LI H P, et al. Facile fabrication of carbon materials with hierarchical porous structure for high-performance supercapacitors [J]. J. Alloy. Compd. , 2021, 851:

156922-156932.

[154] PUTHUSSERI D, ARAVINDAN V, ANOTHUMAKKOOL B, et al. From Waste Paper Basket to Solid State and Li-HEC Ultracapacitor Electrodes: A Value Added Journey for Shredded Office Paper [J]. Small, 2014, 10(21):4395-4402.

[155] KANG W, LIN B, HUANG G, et al. Peanut bran derived hierarchical porous carbon for supercapacitor [J]. Journal of Materials Science: Materials in Electronics, 2018, 29: 6361-6368.

[156] KISHORE B, SHANMUGHASUNDARAM D, PENKI T R, et al. Coconut kernel-derived activated carbon as electrode material for electrical double-layer capacitors [J]. J. Appl. Electrochem. , 2014, 44:903-916.

[157] SUN L, TIAN C, LI M, et al. From coconut shell to porous graphene-like nanosheets for high-power supercapacitors [J]. J. Mater. Chem. A, 2013, 1(21):6462-6470.

[158] HAN J, LI Q, WANG J, et al. Heteroatoms (O, N)-doped porous carbon derived from bamboo shoots shells for high performance supercapacitors [J]. Journal of Materials Science: Materials in Electronics, 2018, 29:20991-21001.